中国国家级自然保护区

四川四姑娘山国家级自然保护区

特色高原植物图谱

李中林　秦卫华　杨　晗　编著

东北林业大学出版社

Northeast Forestry University Press

·哈尔滨·

图书在版编目（ＣＩＰ）数据

四川四姑娘山国家级自然保护区特色高原植物图谱 / 李中林，秦卫华，杨晗
编著 . — 哈尔滨：东北林业大学出版社，2022.6
（中国国家级自然保护区）
ISBN 978-7-5674-2797-6

Ⅰ.①四… Ⅱ.①李… ②秦… ③杨… Ⅲ.①自然保护区−高原−植物−四川−
图集　Ⅳ.① Q948.571-64

中国版本图书馆 CIP 数据核字 (2022) 第 112524 号

责任编辑：陈珊珊　国　徽
封面设计：樊征宇
出版发行：东北林业大学出版社（哈尔滨市香坊区哈平六道街 6 号　邮编：150040）
印　　装：永清县晔盛亚胶印有限公司
开　　本：787 mm×1 092 mm　1/16
印　　张：21.25
字　　数：485 千字
版　　次：2023 年 3 月第 1 版
印　　次：2023 年 3 月第 1 次印刷
书　　号：ISBN 978-7-5674-2797-6
定　　价：148.00 元

《四川四姑娘山国家级自然保护区特色高原植物图谱》

编委会

编 著：李中林　秦卫华　杨　晗

参 编：周全福　邹德跃　金松强　侯文斌

　　　　陈　雨　赵安宏　杨明秀　胡贵春

　　　　赵浩生　曾凡荣　吴明泉　邓永和

　　　　黄继舟　吴永刚　杨伟太　王　蓉

　　　　杨培清　唐　真　杨　帆　蔡远福

　　　　唐富强　张世强　徐琪丽　洪　欣

　　　　孟德昌　孟炜淇　楚克林　韩向楠

供图（排名不分先后）：

　　　　楚克林　韩向楠　洪　欣　李中林

　　　　马海军　孟德昌　孟炜淇　秦卫华

　　　　汤　睿　杨　晗　叶峥嵘

序

四川地处我国西南腹地，横跨五大地貌单元，涵盖六个气候梯度。在独特的地理位置、多样的地貌条件、复杂的气候因素共同作用下，多类型自然生态系统在四川得以充分发育，成为我国生物多样性极为丰富的省份之一，野生脊椎动物和高等植物均居全国第二位，仅次于云南。四川境内国家重点保护和珍稀濒危野生动植物数量多、影响大，耳熟能详的如大熊猫、川金丝猴、四川羚牛、小熊猫，攀枝花苏铁、峨眉拟单性木兰、巴朗山雪莲、红花绿绒蒿等。

为了有效保育四川极为丰富的生物多样性，先后建立了大熊猫国家公园、小金四姑娘山国家级自然保护区、九寨沟国家级风景名胜区等类型多样的自然保护地。其中在川西高原地区建立的贡嘎山、稻城亚丁和小金四姑娘山等国家级自然保护区，为高原生物多样性就地保护发挥了重要作用。

四川小金四姑娘山国家级自然保护区为四川高原生物多样性保护地的典型代表，1994 年就被国务院批准为国家级风景名胜区，还拥有国家地质公园、大熊猫栖息地、世界自然遗产地等头衔。该区因生境原始而生态优越，一些独具特色的高原植物具有很高的科研价值，众多国家重点保护野生动植物在这里得到有效保护。

以秦卫华和李中林为代表的本书编著者，包括洪欣和马海军都是我的学生。他们在植物分类方面具有十分扎实的专业基础，共同热爱并从事自然保护研究工作。从 2016 年开始，他们在四姑娘山国家级自然保护区开展了为期五年的野外实地调查，获得了大量的植物调查资料。本书以具有代表性、观赏性等为原则，精心遴选了最具四姑娘山特色的高原植物，包括流石滩植物和重点关注的兰科植物，共计 300 种植物编制成册。本书采用了 APG IV 等分类系统，每种植物均描述了重要形态特征和在保护区内的具体分布地点，并配有实地拍摄的精美彩色照片。该书的出版得到了"四姑娘山风景名胜区管理局 2018 年禁止开发区补助资金项目"的支持，不仅填补了保护区建立以来出版植物专著的空白，而且也是四姑娘山国家级自然保护区迈进人与自然和谐共生中国式现代化新征程的重要成果之一。

　　该书资料翔实、图文并茂，可供自然保护地管理人员、高校师生、植物爱好者、摄影爱好者、普通游客等学习参考与阅读欣赏。该书也是一本关于四川小金四姑娘山国家级自然保护区保护成效的科普展示，为保护区科研能力的提升和周边地区的植物研究提供很好的借鉴作用参考。

安徽师范大学教授 周守标

2022 年 5 月

前　言

四川小金四姑娘山国家级自然保护区（以下简称四姑娘山保护区）位于四川省阿坝藏族羌族自治州小金县境内，总面积 560 平方千米，其中核心区 185 平方千米，缓冲区 156 平方千米，实验区 219 平方千米，主要保护对象为高山森林生态系统、珍稀濒危野生动植物资源以及冰川等自然景观。四姑娘山保护区 1996 年由国务院批准建立（国函〔1996〕113 号），2006 年作为大熊猫栖息地的重要组成部分被联合国教科文组织列入世界自然遗产名录。

四姑娘山保护区地处我国横断山区东缘，青藏高原向四川盆地的过渡地带，属典型的高山峡谷地貌，最高峰幺妹峰海拔 6 250 米，是横断山脉的第三高峰，绝对高度和相对高差很大，山地地貌垂直差异明显。保护区内高山林立，生态条件复杂，生物群落类型多样，植被垂直带谱明显，野生动植物资源极为丰富。据不完全统计，保护区约有维管束植物 2 000 种左右，其中珍稀濒危植物种类多，如国家重点保护植物独叶草、红花绿绒蒿等。四姑娘山保护区是我国西部地区野生植物最为丰富的区域之一，具有极其重要的保护价值。

同时，由于四姑娘山保护区独特的高原生境，孕育了独特的高山流石滩植物群落，包括多种珍贵的"雪莲"、艳丽的绿绒蒿属植物、种类繁多的紫堇属、马先蒿属等，这些种类繁多的植物通常都具有独特的外部形态和极高的观赏价值，不仅是四姑娘山保护区重要的保护对象之一，更是四姑娘山保护区一张靓丽的名片。与此相对应的，四姑娘山保护区内还分布了种类多样的兰科植物，这个被子植物第二大科，不仅种类多，并且姿态优雅，气质高贵，具有很高的美学价值和生态保护价值，也是四姑娘山保护区的重要保护对象之一。

为查明四姑娘山保护区植物资源情况，2018 年 6 月到 2020 年 10 月，生态环境部南京环境科学研究所联合安徽大学、中国科学院广西植物研究所等单位多次赴四姑娘山保护区开展系统的实地调查，重点关注流石滩植物和兰科植物，也调查了一些最具有四姑娘山特色和代表性、观赏价值较高的野生高山植物，采集植物标本并拍摄了照片，经鉴定并精选了 300 种植物汇集而成本图谱。

本图谱能够为自然保护地管理人员、技术人员、高校师生以及来到四姑娘山保护区的游客提供一个直观的植物认知，吸引更多的专家、学者和广大读者亲临四姑娘山保护区，更直观和深切地感受高山峡谷地貌、冰川壮景和生物多样性的独特魅力，共同爱护并保护好这片美丽的家园。

本图谱以大量的原色图片，多层次多角度地展现这些特色高原植物的形态特征、生境特点或群落外貌。在分类系统上，裸子植物采用 Christenhusz 系统（2011），被子植物采用 APG IV 系统（2016），物种名称参照了《中国植物志》、*Flora of China* 和《中国生物物种名录》（2021 版）。四川小金四姑娘山国家级自然保护区管理局为本书的出版提供了巨大帮助，金效华、陈俊通、刘德团、游旨价、方杰、费文群、李蒙、黄俏蓝、许东先、李攀、黄思欣、刘力嘉、曹海峰、曾佑派、陈又生、顾垒、尹民、郁文彬、蒋凯文、李波、刘虹、温放、张亚洲、蔡杰、张挺、张卓欣、郑宝江等同志在物种鉴定上提供了大力协助，在此一并表示衷心的感谢！

限于作者的学术水平，难免有不足之处，敬请广大读者赐教和指正。

编　者

2022 年 5 月

目 录

第一章

绪论

▲ 高山灌木丛草地

1. 自然概况

1.1 地理位置

　　四姑娘山保护区位于四川省阿坝藏族羌族自治州小金县东部，地理坐标介于东经102°42′30″～102°58′40″、北纬30°54′16″～31°16′21″之间。北面以小金县与理县的县界为界；南面止于小金县与宝兴县的县界；东面以小金县与汶川县的县界为界，与汶川县卧龙国家级自然保护区毗连；西面以双桥沟与木尔寨沟之间的山脊为界，再沿沙坝沟左侧山脊往南，至小金县和宝兴县的交界山脊，接保护区南界。总面积为560平方千米。

1.2 地质地貌

保护区地处我国地貌第一阶梯青藏高原东部边缘，属于第二阶梯四川盆地向青藏高原的过渡地带，位于夹金山北侧，邛崃山脉山脊南部和西部。大地构造属于我国大地地槽区的松潘—甘孜褶皱带，地貌分区属于川西高山高原区，高山峡谷亚区，大渡河中游高山峡谷地带。主要地貌类型有：干暖河谷（半干旱河谷）地貌：海拔小于3 200米的河谷（多峡谷和隘谷）、阶地及低坡；高山地貌：海拔在4 000～5 000米；极高山地貌：海拔在5 000米以上，山顶部现代冰川发育。

保护区内山势陡峭，现代冰川发育。海拔在5 000米以上的雪峰52座，终年积雪，发育有现代山岳冰川。主峰幺妹峰海拔6 250米，是邛崃山脉的最高峰。

1.3 土壤

四姑娘山保护区共有6类土壤，保护区基带土壤为褐土类。自然土壤垂直带谱结构完整，其分布规律如下：①棕壤类土壤，分布在海拔3 200～3 800米地带，成土母质多为风积黄土，再生型黄土母质。土体由枯枝落叶层、腐殖层、淀积层、母质层组成。全剖面以棕色、黄棕色为主。②暗棕壤类土壤，分布在海拔3 400～3 900米地带，成土母质由出露地层上的各类岩石风化残积物，土体内含大量的岩石碎

▼ 高山草甸

屑、碎块，土层浅薄。③灰化土类和亚高山草甸土类交错分布地带，分布在海拔3 800～4 200米地带，灰化土类主要分布于高山上部陡坡、洼地，成土母质为各种岩石风化形成坡积物，有机质含量少；亚高山草甸土有明显草根盘结层，腐殖质和整个土层厚8～104厘米，成土母质以板岩、片岩、千枚岩等风化坡积、残积物为主。④高山草甸土类，主要分布在海拔4 200～4 400米地带，土层厚30～70厘米，表土为砾石土壤，下接草根层。⑤高山寒漠土类，主要分布在海拔4 600～5 000米地带，成土母质为岩石融冻风化形成的碎屑物、冰积物、残积物、坡积物。土层浅薄，砂粒含量达95%。⑥沼泽土类和石灰岩土类，沼泽土类主要零星分布在海子沟、双桥沟谷底部。石灰岩土类主要零星地分布在双桥沟3 600米以上地带，腐殖质含量高。

▼　巴朗山高山流石滩

1.4 气候

在四川气候分区中，本区属西部高原冬干夏雨区的康定、雅江暖温带、温带区。气候垂直带谱明显，基带为山地暖温带（海拔小于3 200米）。随海拔升高依次出现温带（3 000～3 600米）、寒温带（3 400～4 000米）、亚寒带（3 800～4 200米）、寒带（4 000～5 000米）和永冻带（海拔大于5 000米）。大致海拔每升高100米，平均气温下降0.6℃。山麓的四姑娘山镇（海拔3 160米）年平均气温6.1℃，最热月（7月）平均气温为13.5℃，最冷月（1月）平均气温为-2.5℃，无霜期约78天。降水时空分布不均，随地形、海拔、季节变化，全年分为干季（11月至次年4月）和雨季（5～10月）。区内年均降水量为931.5毫米，多年平均日照时数2 265小时，日照率51%。随海拔高度的变化，山地气候常出现"一山有四季，十里不同天"的气候景象。

1.5 水文

四姑娘山保护区属长江水系大渡河上游区域。四姑娘山河由北向南汇入小金川，小金川与大金川在丹巴县汇合后称大渡河，流经甘孜、乐山，最后在宜宾汇入长江。四姑娘山河发源于邛崃山山脉四姑娘山峰，流域面积487.56平方千米，水系密度0.65千米/平方千米，最大宽深比可达23：1，平均为5.2：1。主要支沟有双桥沟（大牛场沟、测量沟、大沟、木尔寨沟、流砂坡沟、白海沟）、长坪沟（虫虫脚沟、驴耳葱沟、两河沟、池温沟、池布沟、长沟）、海子沟（鹿放沟、半截沟、撵鱼沟、小沟双海子沟）、向阳沟、石梯沟、双碉沟、挑水沟、巴朗山沟、长河坝等，平均比降为4.2%。

保护区内湖泊众多，有冰斗湖26个，最大为羊满台海子，面积达205.38公顷，而最小的仅数平方米；堰塞湖8个，面积最大为斯姑拉措，面积约251公顷；沼泽湖7个，其中面积最大为花海子，面积约190.2公顷。

四姑娘山保护区湖泊的分布具有如下特点：冰斗湖主要分布在海拔4 600米以上的高山寒漠区；堰塞湖主要分布在海拔3 700米以下的地区；而沼泽湖主要在3 500～4 000米的地区。区内现代冰川发育良好，主要分布在海拔4 600米以上的阴坡地区和海拔 5 700 米以上的岩石区域，其中主要有双桥沟的布达拉峰冰川、阿妣山冰川、红杉林冰川、玉兔峰冰川等；长坪沟的三峰冰川、四峰冰川、夏格洛冰川、羊杠子冰川、长沟冰川、羊满台冰川、骆驼峰冰川、池布冰川等；海子沟的二峰冰川、三峰冰川、小沟冰川等；面积和蓄水量最大的是四峰冰川，面积约 12 平方千米，蓄水量约 7 200 万吨。

2. 植被概况

四姑娘山保护区地处我国地貌第一阶梯青藏高原东部边缘，第二级阶梯四川盆地向青藏高原的过渡地带，横断山区东缘的高山峡谷区，地形地貌复杂，高低悬殊，气候和土壤垂直变化明显，自然植被类型多样。四姑娘山保护区位于我国"岷山－横断山北段"生物多样性保护优先区，是我国生物多样性关键地区之一，具有极高的保护价值。

在四川植被分区中，本区属川西高山峡谷原针叶林地带，川西高山峡谷针叶林亚带，川西高山峡谷植被地区，大渡河上游植被小区。因地势高低悬殊，植被分布受地形地貌和气候条件的影响，呈现出明显垂直带谱，并具有中国 —— 喜马拉雅植被区的特点。

（1）植被垂直分布

• 海拔 3 200 米（3 400 米以下）：中国沙棘及稀疏灌木丛等半干旱河谷植被以及农耕植被。

• 海拔 3 200～3 800（3 900）米：山地常绿针叶（暗针叶林）、落叶阔叶混交林等。针叶树种以云杉、冷杉、红杉、高山松为主，阔叶树以桦木属、槭属、杨属为主。

• 海拔 3 900～4 200 米：亚高山灌木丛草甸带。以柳属、北方雪层杜鹃灌木丛等多种小叶型杜鹃为主。在高山灌木丛草甸带内，有贝母属、冬虫夏草等分布。

• 海拔 4 200～4 500 米：高山草甸带。群落以多年生草本植物组成。

▲ 巴朗山高山流石滩

▲ 中国沙棘林

- 海拔 4 500～5 400 米：季节性融冰区。高山流石滩稀疏植被带。

- 大于 5 400 米为高山冻原－永冻带：基本上无植被分布。

（2）典型植被类型

- 四川红杉林：分布于保护区内双桥沟、长坪沟、海子沟海拔 3 200～4 000 米的阴坡中上段，如海子沟大海子东面的西北坡、长坪沟水大坝北坡和双桥沟底部的"红杉林"等处均有成片分布，分布地坡度 0～60°。群落结构在垂直方向上层次分明，可分为乔木、灌木、草本、藤本和地被层，其中乔木层又可分为两个亚层：四川红杉在第一、第二亚层中均处于绝对优势地位，成为群落建群种；与四川红杉同在乔木第一亚层的只有麦吊云杉，为共建种；乔木第二亚层中，除四川红杉外，麦吊云杉幼树、中国沙棘和川西樱桃为群落伴生种；由于该群落分布区与亚高山灌木丛带紧密相连，灌木层的种类较丰富，以落叶成分居多并占绝

▼ 四川红杉林

对优势，如乌饭柳、越橘叶忍冬、云南山梅花、高山绣线菊、细梗蔷薇，常绿成分有凹叶瑞香、光亮杜鹃、金露梅、香柏以及少量麦吊云杉幼苗；群落中还有大量的草质藤本甘青铁线莲等。

▲ 常绿针叶林

● 冷杉、云杉林：是本区暗针叶林的主要组成部分。但在本区纯林较少，多以相互混生的形式构成群落。

● 冷杉、麦吊云杉林：是本区常见的暗针叶林群落，广布于三沟内海拔 3 200～4 000 米的阴山面，其中在长坪沟和海子沟内保存较为完好。在双桥沟中，目前只以小片林地的形式残留于沟谷两侧坡下段、宽谷河滩局部以及阴坡一面的冲沟内侧地方。该群落的垂直结构分成乔木、灌木、草本和地被四层。乔木层因高度差异极大而分为两个亚层：无论从第一亚层还是第二亚层的个体数量

▲ 落叶阔叶混交林

和盖度看，冷杉在群落中都占有优势，这在第二亚层体现得尤为显著；第二亚层种类甚多，除了冷杉和麦吊云杉外，还有白桦、红桦、巴郎柳、方枝柏、川西樱桃、蔷薇属等，但冷杉是占优势地位的；灌木层种类包括越橘叶忍冬、高丛珍珠梅、栎叶杜鹃、光亮杜鹃及乔木层优势树种的幼苗；林下存在较多的冷杉和云杉幼苗，反映出群落自然更新状况良好。

● 冷杉、紫果云杉、鳞皮云杉林：分布在长坪沟两河口一带，并与川西云杉林交汇。该群落外貌高大，总盖度高近 100%；乔木层只分布着三种共优种，第一亚层完全被紫果云杉和鳞皮云杉所占据；第二亚层则属冷杉的集中展布空间，其个体数量却超过第一亚层两种云杉之和，种群盖度超过 60%；灌木层种类多、数量少，而且也可分为两个亚层，如冷杉幼苗、红桦、川西樱桃处于第一亚层；唐古特忍冬、细

枝茶藨子、褐毛杜鹃与各种共优种的幼苗处于第二亚层；林下地表几乎完全被以泥炭藓为主的藓类覆盖为地被层，盖度几近100%，厚度10～20厘米，所以基本缺失草本层。该群落是以冷杉、紫果云杉、鳞皮云杉为共优种和共建种组成的，该群落不仅空间格局复杂，而且特别是以冷杉为代表的群落优势种和建群种的种群结构趋于稳固，成株、幼树和幼苗均具有相当的个体数量。这表明该群落已进入很高的演化程度甚至接近顶极群落阶段。

- 方枝柏林：是本区植被中寒温性常绿针叶林的重要组成部分，是过去森林采伐的重要对象，至今仅存于双桥沟撵鱼坝和长坪沟枯树滩两处海拔3 400～3 550米的阴坡谷地，分布面积小，均不足100公顷，因此带有很强的残遗性质。群落中，方枝柏几乎成为单优种而彻底控制着整个乔木层，群落平均高度达30米左右；灌木层种类有川西樱桃、长叶溲疏、绢毛蔷薇、刺黄花等；草本层种类比较丰富，如川赤芍、紫堇属和大叶碎米荠等；地表和方枝柏树干均被苔藓所覆盖。

- 红桦林：是本区原始高山针叶林遭受破坏后演化而来的次生性落叶阔叶林群落，分布在长坪沟和双桥沟沟口阴山面的中上部位，海拔3 400～3 550米。群落中针叶成分已消失殆尽，乔木层种类单一，形成以红桦为单优种的纯林；灌木层种类有栎叶杜鹃、绢毛蔷薇、五加、凹叶瑞香等，多数低矮；草本层种类渐趋丰富，主要如肾叶金腰、驴蹄草、圆穗蓼、东方草莓等。

- 川杨林：在本区属河岸落叶阔叶林类型，沿双桥沟狭长的谷底河滩地分布。川杨是本区唯一构成群落乔木层的种类，从而成为纯林；灌木层成分有高丛珍珠梅、长刺茶藨子、川滇小檗、唐古特忍冬和中国沙棘幼苗；该群落的草本层不仅种类繁多，而且成分复杂。草本层植物主要有大叶碎米荠、银叶委陵菜、伞花繁缕、毛莲蒿、云南金莲花、红直獐芽菜、东方草莓以及毛茛属、报春花属、龙胆属、早熟禾属等植物。

- 中国沙棘林：是本区十分常见、分布广泛、极具特色的河岸落叶阔叶林群落类型。它在广阔的森林砍伐迹地上也能够很好地发育。广布于三条沟内海拔

3 200～3 800 米的河滩和山地，并常混杂于较高海拔区域的灌木丛之中。乔木层常见有中国沙棘和皂柳两种；群落水平结构上，林木分布较为稀疏，但不少个体的胸径和冠幅颇大；灌木层种类不多且数量很少，证明频繁地放牧对生态产生了较大影响；草本层植物种类众多，如瘤果琴、大叶碎米荠、茖葱、驴蹄草、假百合、东方草莓、银叶委陵菜以及乌头属、棱子芹属、柳叶委陵菜属、龙胆属等植物。

● 皂柳林：是本区分布广泛的河岸落叶阔叶林植被类型。主要分布于长坪沟枯树滩以上的沟边河滩地，海拔 3 500～3 600 米。群落内木本植物种类单一，几乎仅有皂柳一种。皂柳多为丛生状均匀分布于林中，高度相当一致，均高 9 米；林下空旷，生长着几种草本植物，如甘青乌头、大叶碎米荠、东方草莓、瘤果芹等。

● 川滇高山栎林：是本区常见阳生植物群落类型之一。广布于海拔 3 600～4 200 米的阳坡中上部位。在海子沟的打尖包至老牛园子地段保存着原生性很强的、完全以川滇高山栎为单优种的大片纯林。优势种群盖度达 100%，当属四姑娘山保护区范围内个体密度和盖度最大的森林群落类型；林下几无灌木和草本层，

▼ 斯姑拉措

▲ 川滇高山栎林

只在林缘可见少量灌木种类，其中常有密集的香柏聚生于林缘的乔木基部，甚至有时在林窗空地形成灌木丛；林中地表多裸露，乔木枝干上长满苔藓和地衣类。而在该地段以下和以上区域分布的同类群落则明显呈矮林状。次生性川滇高山栎林除群落高度大大降低外，主要群体特征基本与原生林一致，只是林缘的香柏明显减少，而匍匐栒子在林下和林缘大量增多，并出现了一些草本植物，如蒲公英、圆穗蓼、假百合以及委陵菜属植物。

第二章 裸子植物

◆ 柏科 Cupressaceae

001 方枝柏 *Juniperus saltuaria*

柏科   刺柏属

特征简介：乔木，树皮灰褐色，裂成薄片状脱落；枝条平展或向上斜展，树冠尖塔形；小枝四棱形，通常稍呈弧状弯曲。鳞叶深绿色，二回分枝上的叶交叉对生，先端钝尖或微钝，微向内曲；一回分枝上的叶三叶交叉轮生，先端急尖或渐尖；幼树的叶三叶交叉轮生，刺形。雌雄同株，雄球花近圆球形。球果直立或斜展，卵圆形或近圆球形，熟时黑色或蓝黑色；种子1粒，卵圆形。

分布区域：主要分布于双桥沟撵鱼坝、长坪沟。

◆ 松科 Pinaceae

002 四川红杉 *Larix mastersiana*

松科　落叶松属

特征简介：乔木。树皮灰褐色或暗黑色，不规则纵裂；枝平展，小枝下垂，当年生长枝淡黄褐色或棕褐色，二、三年生枝黄灰色、灰色或灰黑色；短枝顶端叶枕之间密生淡褐黄色柔毛；叶倒披针状窄条形，先端急尖、微急尖或微钝，嫩叶边缘有疏毛，上面中脉隆起。雌球花及小球果淡红紫色，苞鳞显著地向后反折。球果成熟前淡褐紫色，熟时褐色，椭圆状圆柱形。花期 4～5 月，球果 10 月成熟。

分布区域：主要分布于双桥沟、长坪沟、海子沟阴坡中上段。

003　岷江冷杉 *Abies fargesii* var. *faxoniana*

松科　冷杉属

特征简介：乔木。树皮深灰色，裂成不规则的块片；大枝斜展；主枝通常无毛，侧枝密生锈色毛，稀无毛；叶排列较密，在枝条下面排成两列，枝条上面的叶斜上伸展，条形，上面光绿色，下面有 2 条白色气孔带。球果卵状椭圆形或圆柱形，顶端平；无梗或近无梗，熟时深紫黑色，微具白粉；种子倒三角状卵圆形，微扁，种翅宽大，几与种子等长。花期 4～5 月，球果 10 月成熟。

分布区域：主要分布于长坪沟和海子沟。

004　紫果云杉 *Picea purpurea*

松科　云杉属

特征简介：乔木。树皮深灰色，裂成不规则较薄的鳞状块片。大枝平展，树冠尖塔形；小枝节间短，密生短毛，一年生枝黄或淡褐黄色，二至三年生枝黄灰或灰色，基部宿存芽鳞反曲；冬芽圆锥形，有树脂。叶多为辐射伸展，或枝条上面的叶前伸，而下面的叶向两侧伸展，扁四棱状条形，直或微弯。球果圆柱状长卵形或椭圆形，成熟前后均为紫黑或淡红紫色。花期 4 月，球果 10 月成熟。

分布区域：主要分布于长坪沟。

第三章

被子植物

◆ 菝葜科 Smilacaceae

005 鞘柄菝葜 *Smilax stans*

菝葜科 菝葜属

特征简介：落叶灌木或半灌木，直立或披散。茎和枝条稍具棱，无刺。叶纸质，卵形、卵状披针形或近圆形，下面稍苍白色或有时有粉尘状物；叶柄向基部渐宽呈鞘状，背面有多条纵槽，无卷须，脱落点位于近顶端。花序具 1～3 朵或更多的花；总花梗纤细，比叶柄长 3～5 倍；花序托不膨大；花绿黄色，有时淡红色。浆果熟时黑色，具粉霜。花期 5～6 月，果期 10 月。

分布区域：主要分布于长坪沟和双桥沟林下、灌木丛中或山坡阴处。

◆ 百合科 Liliaceae

006 尖被百合 *Lilium lophophorum*

百合科　百合属

特征简介：鳞茎近卵形；鳞片较松散，披针形，白色，鳞茎上方的茎上无根；茎无毛；叶变化很大，由聚生至散生，披针形、矩圆状披针形或长披针形；花通常 1 朵，少有 2～3 朵，下垂；苞片叶状，披针形；花黄色、淡黄色或淡黄绿色，具极稀疏的紫红色斑点或无斑点；花被片披针形或狭卵状披针形，先端长渐尖，内轮花被片蜜腺两边具流苏状突起；蒴果矩圆形，成熟时带紫色。花期 6～7 月，果期 8～9 月。

分布区域：主要分布于巴朗山、双沟桥草地。

007 宝兴百合 *Lilium duchartrei*

百合科　百合属

特征简介：鳞茎卵圆形，具走茎；鳞片卵形至宽披针形，白色；茎有淡紫色条纹；叶散生，披针形至矩圆状披针形，两面无毛，具3～5脉，有的边缘有乳头状突起；花单生或数朵排成总状花序或近伞房花序、伞形总状花序；苞片叶状，披针形；花下垂，有香味，白色或粉红色，有紫色斑点；花被片反卷，蜜腺两边有乳头状突起。蒴果椭圆形。花期7月，果期9月。

分布区域：主要分布于巴朗山和双桥沟草地、林缘或灌木丛中。

008 川百合 *Lilium davidii*

百合科　百合属

特征简介：鳞茎扁球形或宽卵形；鳞片宽卵形至卵状披针形，白色；茎有的带紫色，密被小乳头状突起。叶多数，散生，在中部较密集，条形，先端急尖，边缘反卷并有明显的小乳头状突起，中脉明显，往往在上面凹陷，在背面凸出，叶腋有白色绵毛。花单生或2～8朵排成总状花序；苞片叶状；花下垂，橙黄色，向基部约2/3处有紫黑色斑点。蒴果长矩圆形。花期7～8月，果期9月。

分布区域：主要分布于双沟桥、四姑娘山镇周边草地、林下潮湿处或林缘。

009　泸定百合 *Lilium sargentiae*

百合科　百合属

特征简介：鳞茎近球形或宽卵圆形，鳞片披针形。茎高 45～160 厘米，有小乳头状突起。叶散生，披针形或矩圆状披针形，上部叶腋间有珠芽。苞片卵状披针形；花 1～4 朵，喇叭形，白色，基部淡绿色，先端稍反卷；外轮花被片倒披针形；内轮花被片比外轮花被片宽，狭倒卵状匙形，蜜腺黄绿色，无乳头状突起；花丝下部密被毛；花药矩圆形，花粉褐黄色；子房圆柱形，紫色；花柱上端稍弯，柱头膨大，3 裂。蒴果矩圆形。花期 7～8 月，果期 10 月。

分布区域：主要分布于四姑娘山镇周边山坡草丛中、灌木丛旁。

010 暗紫贝母 *Fritillaria unibracteata*（国级二级保护植物）

百合科　贝母属

特征简介：鳞茎由 2 枚鳞片组成。叶在下面的 1～2 对为对生，上面的 1～2 枚散生或对生，条形或条状披针形，先端不卷曲。花单朵，深紫色，有黄褐色小方格；叶状苞片 1 枚，先端不卷曲；花被片长 2.5～2.7 厘米；蜜腺窝稍凸出或不明显；雄蕊长约为花被片的一半，花药近基着生，花丝具或不具小乳突；柱头裂片很短。蒴果，棱上的翅很狭。花期 6 月，果期 8 月。

分布区域：主要分布于巴朗山、双桥沟草地。

011 洼瓣花 *Gagea serotina*

百合科　洼瓣花属

特征简介：鳞茎狭卵形，上端延伸，上部开裂。基生叶通常 2 枚，很少仅 1 枚，短于或有时高于花序，宽约 1 毫米；茎生叶狭披针形或近条形。花 1～2 朵；内外花被片近相似，白色而有紫斑，先端钝圆，内面近基部常有一凹穴，较少例外；雄蕊长为花被片的 1/2～3/5，花丝无毛；子房近矩圆形或狭椭圆形，长 3～4 毫米；花柱与子房近等长，柱头 3 裂不明显。蒴果近倒卵形，略有三钝棱，顶端有宿存花柱。种子近三角形，扁平。花期 6～8 月，果期 8～10 月。

分布区域：主要分布于海子沟山坡、灌木丛中或草地上。

012　七筋姑 *Clintonia udensis*

百合科　七筋姑属

特征简介：根状茎较硬，有撕裂成纤维状的残存鞘叶。叶 3～4 枚，纸质或厚纸质，椭圆形、倒卵状长圆形或倒披针形，无毛或幼时边缘有柔毛，先端骤尖，基部成鞘状抱茎或后期伸长成柄状。花葶密生白色短柔毛；总状花序有花 3～12 朵，花梗密生柔毛；苞片披针形，密生柔毛，早落；花白色，稀淡蓝色；花被片矩圆形，先端钝圆，外面有微毛，具 5～7 脉；果实球形至矩圆形，自顶端至中部沿背缝线作蒴果状开裂。花期 5～6 月，果期 7～10 月。

分布区域：主要分布于长坪沟、海子沟林下或阴坡疏林下。

013　假百合 *Notholirion bulbuliferum*

百合科　假百合属

特征简介：小鳞茎多数，卵形，淡褐色。茎高60～150厘米，近无毛。基生叶数枚，带形；茎生叶条状披针形。总状花序具10～24朵花；苞片叶状，条形；花梗稍弯曲。花淡紫色或蓝紫色；花被片倒卵形或倒披针形，先端绿色。蒴果矩圆形或倒卵状矩圆形，有钝棱。花期7月，果期8月。

分布区域：主要分布于长坪沟、双桥沟、巴朗山草丛或灌木丛中。

014　腋花扭柄花 *Streptopus simplex*

百合科　扭柄花属

特征简介：植株高 20～50 厘米；茎不分枝或中部以上分枝，光滑。叶披针形或卵状披针形，先端渐尖，上部的叶有时呈镰刀形，叶背灰白色，基部圆形或心形，抱茎，全缘。花大，单生于叶腋，下垂；花梗不具膝状关节；花被片卵状矩圆形，粉红色或白色，具紫色斑点。花药箭形，先端钝圆，比花丝长；花丝扁，向基部变宽；花柱细长，柱头先端 3 裂，裂片向外反卷。浆果。花期 6 月，果期 8～9 月。

分布区域：主要分布于海子沟林下。

◆ 兰科 Orchidaceae

015　一花无柱兰 *Ponerorchis monantha*

兰科　小红门兰属

特征简介：地生草本。块茎小，卵球形或圆球形，肉质。茎纤细，直立或近直立，基部具1～2枚筒状鞘，下部光滑，在近基部至中部具1枚叶，顶生1朵花。叶片披针形、倒披针状匙形或狭长圆形。花色多变，从淡紫色、粉红色到白色，具紫色斑点；萼片先端钝；花瓣直立，斜卵形；唇瓣向前伸展，张开，内面被短柔毛，侧裂片楔状长圆形，先端截形或钝，中裂片倒卵形，边缘全缘或微波状；距圆筒状，下垂，末端钝。花期7～8月。

分布区域：主要分布于双桥沟潮湿草地上。

016 黄花无柱兰 *Ponerorchis simplex*

兰科 小红门兰属

特征简介：地生草本。块茎小，卵形或近球形，肉质。茎纤细，直立或近直立，圆柱形，无毛，基部具 1～2 枚筒状鞘，基部之上至中部具 1 枚叶。叶直立伸展，线形，基部抱茎。花序仅具 1 朵花；花苞片披针形，先端渐尖，与子房近等长；花黄色，无毛，直立；花瓣直立，斜卵形，先端钝；唇瓣外形为宽的倒卵形，3 深裂；侧裂片长圆状镰形；中裂片倒心形，前部 2 裂；距短，下垂，圆筒形，末端钝。花期 7～8 月。

分布区域：主要分布于双桥沟山坡草地上。

017 川西兜被兰 *Ponerorchis compacta*

兰科　小红门兰属

特征简介：草本。茎基部具2枚叶。叶片狭长圆形或长圆状披针形，基部收狭成抱茎的鞘，上面无紫斑。总状花序；花较大，粉红色；萼片在四分之三以上紧密靠合成兜；中萼片狭长圆状披针形，凹陷，先端近急尖。花瓣近镰状线形，先端钝，内面具乳突，与中萼片紧密贴生；唇瓣前伸反折，基部楔形，上面具密的细乳突，侧裂片稍叉开，偏斜的舌状，中裂片狭舌状；距粗壮。花期8月。

分布区域：主要分布于双桥沟湿润的高山草地上。

018　广布小红门兰 *Ponerorchis chusua*

兰科　小红门兰属

特征简介：地生草本。茎圆柱状，鞘上具1～5枚叶。叶片长圆状披针形、披针形或线状披针形至线形。花紫红色或粉红色；中萼片长圆形或卵状长圆形，凹陷呈舟状；侧萼片向后反折，卵状披针形；花瓣直立，斜狭卵形、宽卵形或狭卵状长圆形；唇瓣向前伸展，较萼片长和宽多，3裂，中裂片长圆形、四方形或卵形；侧裂片扩展，镰状长圆形或近三角形；距圆筒状或圆筒状锥形。花期6～8月。

分布区域：保护区分布广泛，生于山坡林下、灌木丛下、高山灌木丛草地或草甸中。

019 华西小红门兰 *Ponerorchis limprichtii*

兰科　小红门兰属

特征简介：地生草本。茎圆柱形，鞘之上具 1 枚叶。叶片心形、卵圆形或椭圆状长圆形。花序常具疏生的花；花紫红色或淡紫色，常不偏向一侧；中萼片直立，近长圆形，凹陷呈舟状，与花瓣靠合呈兜状；侧萼片常张开，向上伸展，斜卵形，先端急尖；花瓣直立，斜卵形，先端稍钝，边缘无睫毛；唇瓣向前伸展，外形品字形，中部 3 裂，侧裂片耳状，中裂片近四方形。距细圆筒状。花期 5～6 月。

分布区域：主要分布于巴朗山山坡林下或高山草地上。

020 头蕊兰 *Cephalanthera longifolia*

兰科 头蕊兰属

特征简介：地生草本。茎直立，下部具3～5枚排列疏松的鞘。叶4～7枚；叶片披针形、宽披针形或长圆状披针形，先端长渐尖或渐尖，基部抱茎。总状花序具2～13朵花；花苞片线状披针形至狭三角形；花白色，稍开放或不开放；萼片狭菱状椭圆形或狭椭圆状披针形，先端渐尖或近急尖；花瓣近倒卵形，先端急尖或具短尖；唇瓣3裂，基部具囊；侧裂片近卵状三角形，多少围抱蕊柱；中裂片三角状心形，上面具3～4条纵褶片；唇瓣基部的囊短而钝，包藏于侧萼片基部之内。蒴果椭圆形。花期5～6月，果期9～10月。

分布区域：主要分布于长坪沟林下、灌木丛中。

021   珊瑚兰 *Corallorhiza trifida*

兰科   珊瑚兰属

特征简介：腐生小草本。茎直立，圆柱形，红褐色，无绿叶，被 3～4 枚鞘；总状花序具 3～7 朵花；花淡黄色或白色；中萼片狭长圆形或狭椭圆形，先端钝或急尖，具 1 脉；侧萼片与中萼片相似，略斜歪，基部合生而成的萼囊很浅或不甚显著。花瓣近长圆形，常较萼片略短而宽，多少与中萼片靠合成盔状；唇瓣近长圆形或宽长圆形，3 裂。蒴果下垂，椭圆形。花果期 6～8 月。

分布区域：主要分布于双桥沟于林下或灌木丛中。

022　褐花杓兰 *Cypripedium calcicola*（国家二级保护植物）

兰科　杓兰属

特征简介：具粗壮、较短的根状茎。茎直立，通常无毛，基部具数枚鞘，鞘上方有3～4枚叶。叶片椭圆形，两面近无毛，先端渐尖或急尖。花序顶生，具1朵花；花序柄被短柔毛；花苞片叶状；花深紫色或紫褐色，仅唇瓣背侧有若干淡黄色的、质地较薄的透明"窗"，囊口周围不具白色或浅色圈；中萼片椭圆状卵形；合萼片椭圆状披针形，先端2浅裂；花瓣卵状披针形，先端渐尖；唇瓣深囊状，椭圆形，囊口与其他部分色泽一致，囊底有毛。花期6～7月。

分布区域：主要分布于双桥沟、海子沟、巴朗山草地上。

023 西藏杓兰 *Cypripedium tibeticum*（国家二级保护植物）

兰科 杓兰属

特征简介：植株具粗壮、较短的根状茎。茎直立，无毛或上部近节处被短柔毛，基部具数枚鞘，鞘上方通常具 3 枚叶，罕有 2 或 4 枚叶。叶片椭圆形、卵状椭圆形或宽椭圆形，先端急尖、渐尖或钝，无毛或疏被微柔毛，边缘具细缘毛。花序顶生，具 1 朵花；花苞片叶状，椭圆形至卵状披针形；花大，俯垂，紫色、紫红色或暗栗色，通常有淡绿黄色的斑纹，花瓣上的纹理尤其清晰，唇瓣的囊口周围有白色或浅色的圈；中萼片椭圆形或卵状椭圆形，先端渐尖、急尖或具短尖头；合萼片与中萼片相似，但略短而狭，先端 2 浅裂；花瓣披针形或长圆状披针形，先端渐尖或急尖；唇瓣深囊状，近球形至椭圆形。花期 5～8 月。

分布区域：主要分布于双桥沟、海子沟、巴朗山草地上。

024　山西杓兰 *Cypripedium shanxiense*（国家二级保护植物）

兰科　杓兰属

特征简介：植株具稍粗壮而匍匐的根状茎。茎直立，被短柔毛和腺毛，基部具数枚鞘，鞘上方具 3～4 枚叶。叶片椭圆形至卵状披针形，先端渐尖，边缘有缘毛。花序顶生，通常具花 2 朵，较少 1 朵或 3 朵；花序柄与花序轴被短柔毛和腺毛；花苞片叶状，两面脉上被疏柔毛；花褐色至紫褐色，具深色脉纹，唇瓣常有深色斑点，退化雄蕊白色而有少数紫褐色斑点；中萼片披针形或卵状披针形；合萼片与中萼片相似，先端深 2 裂；花瓣狭披针形或线形，先端渐尖，不扭转或稍扭转；唇瓣深囊状，近球形至椭圆形，囊底有毛，外面无毛。蒴果近梭形或狭椭圆形。花期 5～7 月，果期 7～8 月。

分布区域：主要分布于双桥沟、海子沟、长坪沟草坡上。

025　黄花杓兰 *Cypripedium flavum*（国家二级保护植物）

兰科　杓兰属

特征简介：地生草本。植株具粗短的根状茎。茎直立，密被短柔毛，尤其在上部近节处，基部具数枚鞘，鞘上方具 3～6 枚叶。叶较疏离；叶片椭圆形至椭圆状披针形，两面被短柔毛。花序顶生，通常具 1 朵花，罕有 2 朵花；花序柄被短柔毛；花梗和子房密被褐色至锈色短毛；花黄色，有时有红色晕，唇瓣上偶见栗色斑点；中萼片椭圆形至宽椭圆形，先端钝；合萼片宽椭圆形。花瓣长圆形至长圆状披针形，稍斜歪，先端钝；唇瓣深囊状，椭圆形。花果期 6～9 月。

分布区域：主要于双桥沟林下、林缘、灌木丛中或草地上。

026 大叶火烧兰 *Epipactis mairei*

兰科　火烧兰属

特征简介：地生草本。茎直立，叶互生；叶片卵圆形、卵形至椭圆形，基部延伸成鞘状，茎上部叶多为卵状披针形。总状花序；花黄绿带紫色、紫褐色或黄褐色；中萼片椭圆形、倒卵状椭圆形或舟形；侧萼片斜卵状披针形或斜卵形；花瓣长椭圆形或椭圆形；唇瓣中部稍缢缩而成上下唇；下唇两侧裂片近斜三角形；上唇肥厚，卵状椭圆形、长椭圆形或椭圆形。蒴果椭圆形。花期6～7月，果期9月。

分布区域：主要分布于双桥沟、四姑娘山镇周边山坡灌木丛中、草丛中、河滩地。

027　斑唇盔花兰 Galearis wardii

兰科　盔花兰属

特征简介：草本。茎粗壮，叶 2 枚，叶片宽椭圆形至长圆状披针形，基部收狭成抱茎的鞘。花茎直立；花序轴无毛；花紫红色，萼片、花瓣和唇瓣上均具深紫色斑点；萼片近等长，中萼片直立，狭卵状披针形；侧萼片开展或反折，镰状狭卵状披针形；花瓣直立，卵状披针形，与中萼片靠合呈兜状，边缘无睫毛；唇瓣向前伸展，宽卵形或近圆形，不裂，因具深紫色斑块而呈紫黑色。花期 6～7 月。

分布区域：主要分布于双桥沟、巴朗山山坡林下或草地上。

028 二叶盔花兰 *Galearis spathulata*

兰科 盔花兰属

特征简介：无块茎。茎直立，圆柱形，基部具 1～2 枚筒状、稍膜质的鞘，鞘之上具叶。叶通常 2 枚，近对生，叶片狭匙状倒披针形、狭椭圆形、椭圆形或匙形。花茎直立，花序具 1～5 朵花，多偏向一侧；花紫红色；萼片近等长，近长圆形，先端钝，中萼片直立，凹陷呈舟状；侧萼片近直立伸展，稍偏斜；花瓣直立，卵状长圆形或近长圆形；唇瓣长圆形、椭圆形、卵圆形或近四方形，与萼片等长，不裂，上面具乳头状突起；距短，圆筒状。花期 6～8 月。

分布区域：主要分布于双桥沟、海子沟、巴朗山山坡灌木丛下或草地上。

029　川滇斑叶兰 *Goodyera yunnanensis*

兰科　斑叶兰属

特征简介：草本。茎粗壮，直立，基部具6～7枚较密生的叶，有时近呈莲座状；叶片椭圆形或披针状椭圆形，绿色，无白色斑纹。叶柄下部扩大成抱茎的鞘；花茎粗壮，被较密腺状长柔毛。总状花序具多数、密集偏向一侧的花。萼片白或淡绿色，窄卵形，背面疏被腺状柔毛；侧萼片偏斜，稍张开；花瓣斜舌状，无毛，唇瓣半球状兜形，后部囊状，内面无毛，前部长圆形。花期8～10月。

分布区域：主要分布于长坪沟、双桥沟林下或灌木丛下。

030　西南手参 *Gymnadenia orchidis*（国家二级保护植物）

兰科　手参属

特征简介：草本。茎直立，其上具 3～5 枚叶。叶片椭圆形或椭圆状长圆形。总状花序具多数密生的花；花紫红色或粉红色，极罕见为带白色；中萼片直立，卵形；侧萼片反折，斜卵形，较中萼片稍长和宽，边缘向外卷；花瓣直立，斜宽卵状三角形，边缘具波状齿；唇瓣向前伸展，宽倒卵形，前部 3 裂，中裂片较侧裂片稍大或等大，三角形，先端钝或稍尖；距细而长，下垂，稍向前弯。花期 7～9 月。

分布区域：主要分布于双桥沟山坡林下、灌木丛下、草地上。

031 落地金钱 *Habenaria aitchisonii*

兰科　玉凤花属

特征简介：草本。茎直立，基部具2枚近对生的叶。叶片平展，卵圆形或卵形，基部圆钝。总状花序具几朵至多数密生或较密生的花，花序轴被乳突状毛；花较小，黄绿色或绿色；中萼片直立，侧萼片反折，斜卵状长圆形；花瓣直立，斜镰状披针形，与中萼片靠合呈兜状；唇瓣深裂近基部，中裂片线形，反折，侧裂片线形近钻状，镰状上弯，先端稍钩曲；距圆筒状棒形，下垂。花期7～9月。

分布区域：主要分布于双桥沟山坡林下、灌木丛下或草地上。

032 滇蜀玉凤花 *Habenaria balfouriana*

兰科　玉凤花属

特征简介：草本。茎直立，被密的乳突状毛，基部具 2 枚近对生的叶。叶片平展，稍肉质，卵形或宽椭圆形，基部圆钝。总状花序直立，花序轴被乳突状毛；花稍大，黄绿色；中萼片卵形，直立，凹陷呈舟状；侧萼片反折，斜卵状长圆形；花瓣直立，斜卵状披针形，基部前侧具齿状小裂片，与中萼片靠合呈兜状；唇瓣较萼片长，在基部之上 3 深裂，中裂片线形。距圆筒状棒形。花期 7～8 月。

分布区域：主要分布于双桥沟山坡林下或灌木丛草地上。

033　宽萼角盘兰 *Herminium souliei*

兰科　角盘兰属

特征简介：草本。茎直立，无毛，下部具2～3枚叶。叶片狭椭圆状披针形或狭椭圆形。总状花序具多数花；花小，黄绿色，垂头，萼片近等长；中萼片椭圆形或长圆状披针形，先端钝；侧萼片长圆状披针形；花瓣近菱形，上部肉质增厚，较萼片稍长，向先端渐狭；唇瓣与花瓣等长，肉质增厚，基部凹陷呈浅囊状，近中部3裂，中裂片线形，侧裂片三角形，较中裂片短很多。花期7～8月。

分布区域：主要分布于双桥沟、长坪沟林下、灌木丛下、山坡草地上。

034 高山羊耳蒜 *Liparis cheniana*

兰科 羊耳蒜属

特征简介：地生植物，假鳞茎卵形，基部具数枚膜质鞘，之上具 2 枚叶。叶片椭圆状披针形，基部渐狭成短柄。花序具花 8～15 朵，花白色具淡紫色脉。花苞片卵形。中萼片线状披针形；侧萼片平行地位于唇瓣下方，偏斜，线状披针形；唇瓣披针形，唇盘紫色，基部边缘直立并增厚，中间具 1 条纵贯的脊。蕊柱弯曲，正面具 1 对三角形的翅，基部具 2 个圆锥形的类似胼胝体。花期 7～8 月。

分布区域：主要分布于双桥沟、巴朗山草地上。

035 二叶兜被兰 *Neottianthe cucullata*

兰科 兜被兰属

特征简介：草本。茎上具2枚近对生的叶。叶卵形、卵状披针形或椭圆形，先端急尖或渐尖。总状花序，常偏向一侧；花紫红色或粉红色；萼片彼此紧密靠合成兜；中萼片先端急尖；侧萼片斜镰状披针形，先端急尖；花瓣披针状线形，先端急尖；唇瓣向前伸展，上面和边缘具细乳突，基部楔形，中部3裂，侧裂片线形，先端急尖，中裂片较侧裂片长而稍宽；距细圆筒状圆锥形。花期8～9月。

分布区域：主要分布于双桥沟山坡林下或草地上。

036 短梗山兰 *Oreorchis erythrochrysea*

兰科 山兰属

特征简介：地生草本。叶 1 枚，生于假鳞茎顶端，狭椭圆形至狭长圆状披针形，基部常骤然收狭成柄。花葶自假鳞茎侧面发出，近直立；总状花序；花黄色，唇瓣有栗色斑；萼片狭长圆形，先端钝或急尖；侧萼片略小于中萼片，常稍斜歪；花瓣狭长圆状匙形，常多少弯曲，先端钝；唇瓣轮廓近长圆形，近中部或下部五分之二处 3 裂；侧裂片半卵形至近线形；中裂片近方形或宽椭圆形。花期 5～6 月。

分布区域：主要分布于巴朗山林下、灌木丛中和高山草坡上。

037 山兰 *Oreorchis patens*

兰科 山兰属

特征简介：地生草本。叶通常 1 枚，少有 2 枚，线形或狭披针形，先端渐尖，基部收狭为柄；花葶从假鳞茎侧面发出，直立；总状花序；花黄褐色至淡黄色，唇瓣白色并有紫斑；萼片狭长圆形；侧萼片稍镰曲；花瓣狭长圆形；唇瓣 3 裂，基部有短爪；侧裂片线形，稍内弯；中裂片近倒卵形，边缘有不规则缺刻；唇盘上有 2 条肥厚纵褶片。蒴果长圆形。花期 6～7 月，果期 9～10 月。

分布区域：主要分布于巴朗山林下、林缘、灌木丛中、草地上或沟谷旁。

038 凸孔阔蕊兰 *Peristylus coeloceras*

兰科 阔蕊兰属

特征简介：地生草本。茎无毛，下部具 2～4 枚叶。叶片狭椭圆状披针形或椭圆形，基部渐狭并抱茎。总状花序；花小，较密集，白色；中萼片阔卵形，凹陷，先端钝；侧萼片楔状卵形，较中萼片稍长而狭，先端钝；花瓣直立，斜卵形，前部稍增厚，有时前面具 2 或 3 齿裂，与中萼片等长；唇瓣楔形，前伸，基部具距，前部 3 裂；裂片半广椭圆形，先端急尖；距圆球状。花期 6～8 月。

分布区域：主要分布于双桥沟林下、山坡灌木丛下、高山草地上。

039　蜻蜓兰 *Platanthera souliei*

兰科　舌唇兰属

特征简介：根状茎指状，肉质，细长。茎粗壮，直立，茎部具 1～2 枚筒状鞘，鞘之上具叶，茎下部的 2（3）枚叶较大，大叶片倒卵形或椭圆形，直立伸展，先端钝，基部收狭成抱茎的鞘。总状花序狭长，具多数密生的花；花苞片狭披针形，直立伸展；花小，黄绿色；中萼片直立，凹陷呈舟状，卵形，先端急尖或钝；侧萼片斜椭圆形，张开，较中萼片稍长而狭，两侧边缘多少向后反折；花瓣直立，斜椭圆状披针形；唇瓣向前伸展，多少下垂，舌状披针形，肉质，基部两侧各具 1 枚小的侧裂片；距细长，细圆筒状，下垂。花期 6～8 月，果期 9～10 月。

分布区域：保护区内分布广泛。

040 绥草 *Spiranthes sinensis*

兰科　绥草属

特征简介：地生草本。茎较短，近基部生2～5枚叶。叶片宽线形或宽线状披针形，极罕见为狭长圆形。总状花序；花小，紫红色、粉红色或白色；萼片的下部靠合，中萼片狭长圆形，舟状，先端稍尖，与花瓣靠合呈兜状；侧萼片偏斜，披针形，先端稍尖；花瓣斜菱状长圆形，先端钝，与中萼片等长但较薄；唇瓣宽长圆形，凹陷，前半部上具长硬毛且边缘具强烈皱波状啮齿。花期7～8月。

分布区域：主要分布于四姑娘山镇周边山坡林下、灌木丛下、草地上。

◆ 石蒜科 Amaryllidaceae

041 卵叶山葱 *Allium ovalifolium*

石蒜科　葱属

特征简介：鳞茎近圆柱状；叶2枚，靠近或近对生状，极少3枚，披针状矩圆形至卵状矩圆形；叶柄明显，连同叶片的两面和叶缘常具乳头状突起。花葶圆柱状，下部被叶鞘；总苞2裂，宿存，稀早落；伞形花序球状，具多而密集的花；花白色，稀淡红色；花被片内轮的披针状矩圆形至狭矩圆形，外轮的较宽而短，狭卵形、卵形或卵状矩圆形。花果期7~9月。

分布区域：主要分布于巴朗山湿润山坡或林下。

042 太白山葱 *Allium prattii*

石蒜科 葱属

特征简介：鳞茎单生或 2～3 枚聚生。叶 2 枚，紧靠或近对生状，很少为 3 枚，常为条形、条状披针形、椭圆状披针形或椭圆状倒披针形。花葶圆柱状；伞形花序半球状，具多而密集的花；花紫红色至淡红色，稀白色；内轮的花被片披针状矩圆形至狭矩圆形，先端钝或凹缺，或具不规则小齿，外轮的宽而短，狭卵形、矩圆状卵形或矩圆形先端钝或凹缺，或具不规则小齿。花果期 6～9 月。

分布区域：主要分布于双桥沟山坡、沟边、灌木丛或林下。

043　齿被韭 *Allium yuanum*

石蒜科　葱属

特征简介：鳞茎单生或数枚聚生，圆柱状。叶条形，背面呈龙骨状隆起，枯后常扭卷，短于或略长于花葶。花葶圆柱状，下部被叶鞘；伞形花序半球状，具多而密集的花；小花梗近等长，短于或近等长于花被片，基部无小苞片；花天蓝色；花被片6枚大小相等，卵形，向先端渐尖边缘具不整齐小齿，或外轮的全缘，内轮的具齿。花期9月。

分布区域：主要分布于双桥沟、巴朗山草坡、林缘或林间草地上。

◆ 天门冬科 Asparagaceae

044　独花黄精 *Polygonatum hookeri*

天门冬科　黄精属

特征简介：根状茎圆柱形，结节处稍有增粗。植株矮小。叶几枚至 10 余枚，常紧接在一起，当茎伸长时，显出下部的叶为互生，上部的叶为对生或 3 叶轮生，条形、矩圆形或矩圆状披针形，先端略尖。通常全株仅生 1 花，位于最下的一个叶腋内，少有 2 朵生于一总花梗上；苞片微小，膜质，早落；花被紫色；浆果红色，具 5～7 颗种子。花期 5～6 月，果期 9～10 月。

分布区域：主要分布于双桥沟、海子沟林下、山坡草地。

◆ 灯芯草科 Juncaceae

045 葱状灯芯草 *Juncus allioides*

灯芯草科　灯芯草属

特征简介：多年生草本；茎稀疏丛生，直立，圆柱形，有纵条纹，绿色。叶基生和茎生；基生叶常1枚；茎生叶1枚，稀为2枚；叶片皆圆柱形，稍压扁；叶鞘边缘膜质。头状花序单一顶生，有花7~25朵；苞片披针形，褐色或灰色，在花蕾期包裹花序呈佛焰苞状；花具花梗和卵形膜质的小苞片；花被片披针形，灰白色至淡黄色，膜质。蒴果长卵形，成熟时黄褐色。花期6~8月，果期7~9月。

分布区域：主要分布于长坪沟、双桥沟山坡、草地和林下潮湿处。

◆ 罂粟科 Papaveraceae

046　巴朗山绿绒蒿 *Meconopsis balangensis*

罂粟科　绿绒蒿属

特征简介：草本。全株植物被明显的刺状毛覆盖。茎大部分在地下。茎基部附近叶密集；叶柄宽线形；叶片椭圆形、长圆形或倒披针形，基部楔形或渐狭，边缘通常全缘。上部叶具短叶柄或无梗；叶片与基生叶相似但较小。花序小，轴长；花瓣蓝色、蓝紫色、深紫色或深褐红色，很少淡粉色、卵形、宽倒卵形或圆形；果冠槽椭圆形，两端圆形，密被脊状毛。花期7～8月。

分布区域：主要分布于巴朗山草地上。

047 全缘叶绿绒蒿 *Meconopsis integrifolia*

罂粟科　绿绒蒿属

特征简介：一年生至多年生草本，全体被锈色和金黄色长柔毛。茎粗壮，具纵条纹。基生叶莲座状，叶片倒披针形、倒卵形或近匙形，基部渐狭并下延成翅，两面被毛，边缘全缘；茎生叶下部者同基生叶，上部者近无柄，狭椭圆形、披针形、倒披针形或条形，比下部叶小，最上部茎生叶常成假轮生状，狭披针形、倒狭披针形或条形。花通常 4~5 朵；萼片舟状，外面被毛，里面无毛；花瓣 6~8，近圆形至倒卵形，黄色或稀白色。蒴果宽椭圆状长圆形至椭圆形。花果期 5~11 月。

分布区域：主要分布于巴朗山、双桥沟草坡或林下。

048　红花绿绒蒿 *Meconopsis punicea*（国家二级保护植物）

罂粟科　绿绒蒿属

特征简介：多年生草本。叶全部基生，莲座状，叶片倒披针形或狭倒卵形，先端急尖，基部渐狭，下延入叶柄，边缘全缘；叶柄基部略扩大成鞘。花葶1～6，从莲座叶丛中生出，被棕黄色、具分枝且反折的刚毛。花单生于基生花葶上，下垂；萼片卵形，外面密被淡黄色或棕褐色、具分枝的刚毛；花瓣4，有时6，椭圆形，先端急尖或圆，深红色。蒴果椭圆状长圆形。花果期6～9月。

分布区域：主要分布于巴朗山山坡草地上。

049 川西绿绒蒿

Meconopsis henrici

罂粟科 绿绒蒿属

特征简介：一年生草本。叶全部基生，叶片倒披针形或长圆状倒披针形，先端钝或圆，基部渐狭而入叶柄，边缘全缘或波状，两面被黄褐色、卷曲的硬毛；叶柄线形，被黄褐色平展、反曲或卷曲的硬毛。花单生于基生花葶上；萼片边缘薄膜质，外面被黄褐色、卷曲的硬毛；花瓣5～9，卵形或倒卵形，深蓝紫色或紫色；蒴果椭圆状长圆形或狭倒卵珠形，疏被硬毛，4～6瓣自顶端微裂。花果期6～9月。

分布区域：主要分布于巴朗山高山草地上。

050 线叶黄堇 *Corydalis linearis*

罂粟科 紫堇属

特征简介：无毛草本。茎略纤细，不分枝，上部具叶，下部裸露，基部线形。茎生叶 2～3 枚，互生于茎上部，叶片一回奇数羽状全裂，裂片 2～3 对，线状狭披针形，先端钝，表面绿色，背面具白粉，3 条纵脉极细。总状花序顶生，有花 20～25 朵，排列稀疏；花梗纤细，长于苞片。萼片早落；花瓣黄色，上花瓣舟状卵形，先端钝，背部鸡冠状突起高约 1 毫米，距圆筒形，末端圆，稍向下弯曲，下花瓣上部舟状椭圆形，鸡冠同上瓣，开花期向下反折，中部缢缩，下部呈囊状，内花瓣狭倒卵形，具 1 侧生囊，基部 1 耳垂。果未见。花期 7 月前后。

分布区域：主要分布于巴朗山上。

051 具爪曲花紫堇 *Corydalis curviflora* subsp. *rosthornii*

罂粟科　紫堇属

特征简介：无毛草本。植株较粗壮。茎不分枝。基生叶少数，叶片轮廓圆形或肾形，3 全裂；茎生叶 1～4 枚，疏离，互生，掌状全裂，裂片宽线形或狭倒披针形。花序密集多花，上花瓣长约 1 厘米，距与花瓣片近等长，外花瓣鸡冠高约 2 毫米，超出花瓣片先端并延伸至距末，瓣片边缘具细齿，下花瓣明显具爪。蒴果线状长圆形。花果期 5～8 月。

分布区域：主要分布于巴朗山、双桥沟林下、灌木丛下、草坡、高山草甸。

052 大金紫堇 *Corydalis dajingensis*

罂粟科 紫堇属

特征简介：茎地下部分具少数鳞片，地上部分具3～5枚叶。叶具长柄和三小叶，叶柄基部多少鞘状，小叶稍肉质，宽卵圆形，顶生的具短柄，侧生的较小，全部2～3裂。总状花序伞房状。花紫红色，先直立，后平展，顶端着色较深。萼片近圆形，具齿。外花瓣具鸡冠状突起，瓣片侧面弧形下凹。距圆筒形，约与瓣片等长；下花瓣稍前伸，直或瓣片下弯，近基缢缩。内花瓣顶端暗紫色。蒴果卵圆形。

分布区域：主要分布于巴朗山流石滩区域。

053 假多叶紫堇 *Corydalis pseudofluminicola*

罂粟科   紫堇属

特征简介：深绿色丛生草本；匍匐茎常 1 条，散生黄褐色披针形鳞片。茎直立，不分枝。基生叶多数，约与茎等长或稍短；叶柄约与叶片等长，基部具鞘；叶片长圆形，二至三回羽状全裂，末回羽片近卵圆形，二回三深裂，末回裂片倒卵状披针形。茎生叶与基生叶同形，但较小。总状花序密具多花，近伞房状。下部苞片叶状，上部的 3～5 裂。花梗短，常隐藏于苞片中。萼片小，鳞片状。花蓝色，近平展，具鸡冠状突起。上花瓣近直，鸡冠状突起下延至具中部；距圆筒形，约占花瓣全长的 2/5，稍下弯。下花瓣稍前伸，瓣较宽展，爪较长。内花瓣近匙状琴形，鸡冠状突起伸达爪中部；爪倒楔形。蒴果披针形。花期 7～8 月。

分布区域：主要分布于巴朗山高山草甸或流石滩。

054 浪穹紫堇 *Corydalis pachycentra*

罂粟科 紫堇属

特征简介：粗壮小草本。茎直立。基生叶叶柄纤细，近圆形，3 全裂；茎生叶多生于中部，无柄，叶片掌状 5～11 深裂至近基部。总状花序顶生；花瓣蓝色或蓝紫色，上花瓣片舟状宽卵形，向上弯曲，先端钝，背部鸡冠状突起自瓣片先端延伸至其末端消失，距圆筒形，粗壮，中部缢缩，下部呈浅囊状，基部具短爪，爪末端有 1 下垂小距，内花瓣提琴形；蒴果椭圆状长圆形。花果期 5～9 月。

分布区域：主要分布于巴朗山、长坪沟和双桥沟林下、灌木丛下、草地或石隙间。

055 假髯萼紫堇 *Corydalis pseudobarbisepala*

罂粟科　紫堇属

特征简介: 无毛草本。茎直立。基生叶具长柄, 叶片轮廓宽楔形, 二回三出全裂, 叶脉二歧状分枝; 茎生叶疏离, 互生, 下部叶具短柄, 上部叶近无柄, 叶片轮廓近心形, 3 全裂, 全裂片具柄。总状花序顶生; 花瓣紫色, 上花瓣倒卵形, 先端具小尖头, 边缘全缘, 背部鸡冠状突起, 开始高并具浅波状齿, 逐渐变矮并延伸至距的末端, 距圆筒形, 与花瓣片近等长, 下花瓣圆形, 鸡冠状突起高, 延伸至其中部消失, 具浅波状齿, 爪宽, 内花瓣片长圆形, 基部 2 耳垂。果未见。

分布区域: 主要分布于巴朗山草地上。

056 糙果紫堇 *Corydalis trachycarpa*

罂粟科 紫堇属

特征简介：粗壮直立草本。茎具少数分枝。基生叶叶片轮廓宽卵形，二至三回羽状分裂；茎生叶下部叶具柄，上部叶近无柄，其他与基生叶相同。总状花序；花瓣紫色、蓝紫色或紫红色，上花瓣片舟状卵形，先端饨，背部鸡冠状突起，自先端开始至瓣片中部消失，距圆锥形，下花瓣鸡冠状突起同上瓣，下部稍呈囊状，内花瓣倒卵形，具1侧生囊，爪与花瓣片近等长；蒴果狭倒卵形。花果期4～9月。

分布区域：主要分布于巴朗山、双桥沟高山草甸、灌木丛、流石滩或山坡石缝中。

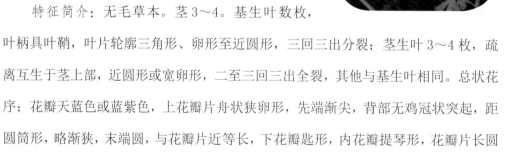

057 穆坪紫堇 *Corydalis flexuosa*

罂粟科 紫堇属

特征简介：无毛草本。茎 3～4。基生叶数枚，叶柄具叶鞘，叶片轮廓三角形、卵形至近圆形，三回三出分裂；茎生叶 3～4 枚，疏离互生于茎上部，近圆形或宽卵形，二至三回三出全裂，其他与基生叶相同。总状花序；花瓣天蓝色或蓝紫色，上花瓣片舟状狭卵形，先端渐尖，背部无鸡冠状突起，距圆筒形，略渐狭，末端圆，与花瓣片近等长，下花瓣匙形，内花瓣提琴形，花瓣片长圆状卵形。蒴果线形。花果期 5～8 月。

分布区域：主要分布于巴朗山山坡或岩石边。

058 美花黄堇 *Corydalis pseudocristata*

罂粟科　紫堇属

特征简介：无毛草本。茎单一。茎生叶 2～3 枚，互生于茎上部，叶片一回奇数羽状全裂，全裂片 2 对，线状披针形，全缘，稀下部 1 对 2 裂。总状花序；苞片狭卵形至披针形，全缘；花瓣黄色，上花瓣片舟状卵形，先端急尖，边缘呈不规则

的波状，背部鸡冠状突起自先端开始，延伸至距末 1/3 处消失，距圆筒形，向末端渐狭，下花瓣上部舟状卵形，背部鸡冠状突起中部缢缩，下部呈囊状，内花瓣提琴形，花瓣片倒卵形，两侧各具 1 侧生囊。蒴果狭倒卵形。花果期 6～8 月。

分布区域：主要分布于巴朗山、长坪沟和海子沟林下或草坡。

059 椭果黄堇 *Corydalis ellipticarpa*

罂粟科   紫堇属

特征简介：灰绿色丛生草本。根茎粗短，簇生多数纤维状须根。茎1至多条，发自基生叶腋，花葶状，无叶或仅具1叶。基生叶多数，叶柄长，基部宽展，稍肉质增厚，干时深褐色，叶片轮廓卵圆形或宽卵圆形，二回三出分裂，第一回裂片具短柄，第二回裂片顶生者具短柄，侧生者无柄，卵圆形或宽卵圆形，基部楔形，下延，3深裂，再次（2）3～5裂，末回裂片披针形，先端渐尖，表面绿色，背面灰绿色。总状花序顶生，多花，先密后疏。萼片极小，三角形，疏具缺刻状齿；花瓣黄色或淡黄色。蒴果椭圆形。花果期5～6月。

分布区域：主要分布于长坪沟林下或溪边。

◆ 星叶草科 Circaeasteraceae

060 星叶草 *Circaeaster agrestis*

星叶草科　星叶草属

特征简介：一年生小草本。宿存的 2 子叶和叶簇生；子叶线形或披针状线形，无毛；叶菱状倒卵形、匙形或楔形，基部渐狭，边缘上部有小牙齿，齿顶端有刺状短尖，无毛，背面粉绿色。花小，萼片 2～3，狭卵形，无毛。雄蕊 1～2（3），无毛，花药椭圆球形，花丝线形；心皮 1～3，比雄蕊稍长，无毛，子房长圆形，花柱不存在，柱头近椭圆球形。瘦果狭长圆形或近纺锤形，有密或疏的钩状毛。花期 4～6 月。

分布区域：主要分布于海子沟山谷沟边、林中或湿草地。

061 独叶草 *Kingdonia uniflora*（国家二级保护植物）

星叶草科　独叶草属

特征简介：多年生小草本，无毛。根状茎细长，自顶端芽中生出 1 枚叶和 1 条花葶；芽鳞约 3 个，膜质，卵形；叶基生，有长柄，叶片心状圆形，5 全裂，中、侧全裂片 3 浅裂，最下面的全裂片不等 2 深裂，顶部边缘有小牙齿，背面粉绿色。花直径约 8 毫米。萼片 4～7，淡绿色，卵形，顶端渐尖。瘦果扁，狭倒披针形，向下反曲，种子狭椭圆球形。花期 5～6 月。

分布区域：主要分布于双桥沟林下或灌木丛下。

◆ 小檗科 Berberidaceae

062 桃儿七 *Sinopodophyllum hexandrum*（国家二级保护植物）

小檗科　桃儿七属

特征简介：多年生草本。根状茎粗短，节状，多须根；茎直立，单生，具纵棱，无毛，基部被褐色大鳞片。叶 2 枚，薄纸质，基部心形，3～5 深裂几达中部，裂片不裂或有时 2～3 小裂，裂片先端急尖或渐尖，上面无毛，背面被柔毛，边缘具粗锯齿；叶柄具纵棱，无毛。花大，单生，先叶开放，两性，整齐，粉红色；萼片 6，早萎；花瓣 6，倒卵形或倒卵状长圆形，先端略呈波状；浆果卵圆形，熟时橘红色。花期 5～6 月，果期 7～9 月。

分布区域：主要分布于双桥沟、长坪沟林下、林缘湿地、灌木丛中或草丛中。

◆ 毛茛科 Ranunculaceae

063　甘青乌头 *Aconitum tanguticum*

毛茛科　乌头属

特征简介：块根小，纺锤形或倒圆锥形。茎疏被反曲而紧贴的短柔毛或几无毛，不分枝或分枝。基生叶 7～9 枚，有长柄；叶片圆形或圆肾形，三深裂至中部或中部之下，深裂片互相稍覆压，深裂片浅裂边缘有圆牙齿，两面无毛；叶柄无毛，基部具鞘。茎生叶 1～2 枚，稀疏排列，较小，通常具短柄。顶生总状花序有花 3～5 朵；苞片线形；小苞片生花梗上部或与花近邻接，卵形至宽线形；萼片蓝紫色，偶尔淡绿色，外面被短柔毛，上萼片船形，侧萼片长 1.1～2.1 厘米，下萼片宽椭圆形或椭圆状卵形；花瓣无毛，稍弯，瓣片极小，距短。蓇葖果。花期 7～8 月。

分布区域：主要分布于巴朗山山坡草地上。

064 螺瓣乌头 *Aconitum spiripetalum*

毛茛科 乌头属

特征简介：茎被反曲而紧贴的短柔毛，不分枝或分枝。基生叶 7～9 枚，具长柄。茎生叶 1～2 枚，比基生叶小，通常具短柄。顶生总状花序有花 2～5 朵；轴密被反曲的短柔毛；基部苞片叶状或 3 裂，上部苞片线形；花梗被反曲的白色短柔毛及伸展

的淡黄色短柔毛；小苞片生花梗上部或中部，线形；萼片淡蓝色或暗紫色，外面疏被短柔毛，上萼片盔状船形，侧面轮廓近半圆形；花瓣无毛，爪细，顶部向前螺旋状弯曲，瓣片极短，唇不明显，距短，近球形。蓇葖果。花期 8～9 月。

分布区域：主要分布于巴朗山山坡草地上。

065 驴蹄草 *Caltha palustris*

毛茛科　驴蹄草属

特征简介：多年生草本，全部无毛，有多数肉质须根。茎实心，具细纵沟，在中部或中部以上分枝，稀不分枝。基生叶 3～7 枚，有长柄；叶片圆形，圆肾形或心形，顶端圆形，基部深心形或基部二裂片互相覆压，边缘全部密生正三角形小牙齿；茎生叶通常向上逐渐变小，稀与基生叶近等大，圆肾形或三角状心形，具较短的叶柄或最上部叶完全不具柄。茎或分枝顶部有由 2 朵花组成的简单的单歧聚伞花序；苞片三角状心形，边缘生牙齿；萼片 5，黄色，倒卵形或狭倒卵形，顶端圆形。蓇葖具横脉。花果期 5～9 月。

分布区域：主要分布于巴朗山、长坪沟山谷溪边或湿草甸，有时也生在草坡或林下较阴湿处。

066 拟耧斗菜 *Paraquilegia microphylla*

毛茛科 拟耧斗菜属

特征简介：根状茎细圆柱形至近纺锤形。叶多数，通常为二回三出复叶，无毛；叶片轮廓三角状卵形，中央小叶宽菱形至肾状宽菱形，3 深裂，小裂片倒披针形至椭圆状倒披针形，表面绿色，背面淡绿色。花葶直立，比叶长；苞片 2 枚，对生或互生，倒披针形；萼片淡堇色或淡紫红色；花瓣倒卵形至倒卵状长椭圆形，顶端微凹，下部浅囊状。种子狭卵球形，褐色。花期 6～8 月，果期 8～9 月。

分布区域：主要分布于巴朗山高山山地石壁或岩石上。

067 矮金莲花 *Trollius farreri*

毛茛科　金莲花属

特征简介：茎不分枝。叶 3～4 枚，全部基生或近基生，有长柄；叶片五角形，基部心形，3 全裂或深裂，中央全裂片菱状倒卵形或楔形，与侧生全裂片通常分开，3 浅裂，小裂片互相分开；叶柄基部具宽鞘。花单独顶生；萼片黄色，外面常带暗紫色，干时通常不变绿色，宽倒卵形，顶端圆形或近截形；花瓣匙状线形，比雄蕊稍短。聚合果；种子椭圆球形，黑褐色。花期 6～7 月，果期 8 月。

分布区域：主要分布于双桥沟山地草地。

068 拟川西翠雀花 *Delphinium pseudotongolense*

毛茛科　翠雀属

特征简介：茎无毛，通常分枝。茎中部叶有稍长柄；叶片五角形，3 深裂，中央深裂片菱状卵形，顶端长渐尖或近尾状渐尖，下部全缘，在中部 3 浅裂，二回裂片有少数不等锐牙齿，侧深裂片斜扇形，不等 2 深裂；叶柄与叶片近等长，无毛。总状花序腋生并顶生，组成复总状花序；轴和花梗密被开展的黄色腺毛；花梗斜上展；萼片蓝紫色，长圆形或长圆状倒卵形，外面被短柔毛，距与萼片等长或比萼片长，钻形，螺旋状弯曲；花瓣蓝色，无毛。花期 7 月。

分布区域：主要分布于巴朗山、长坪沟山地上。

069 宝兴翠雀花 *Delphinium smithianum*

毛茛科 翠雀属

特征简介：多年生草本。叶有长柄；叶片圆肾形或五角形，三深裂，裂片互相通常分离，中央裂片浅裂，有疏牙齿，表面沿脉有短柔毛，背面近无毛；叶柄疏被柔毛或近无毛。伞房花序有花2～4朵；花梗中部以上密被多少向下弯曲的短柔毛；萼片宿存，堇蓝色，外面有短柔毛，上萼片宽椭圆形，距与萼片近等长，圆筒形，侧萼片和下萼片卵形；花瓣无毛，顶端微凹。种子淡褐色。花期7～8月。

分布区域：主要分布于巴朗山山地多石砾山坡。

070 大火草 *Anemone tomentosa*

毛茛科 银莲花属

特征简介：植株高 40～150 厘米。基生叶 3～4 枚，有长柄，为三出复叶，有时有 1～2 叶为单叶；中央小叶有长柄，小叶片卵形至三角状卵形，顶端急尖，基部浅心形，心形或圆形，3 浅裂至 3 深裂，边缘有不规则小裂片和锯齿，表面有糙伏毛，背面密被白色绒毛，侧生小叶稍斜。聚伞花序二至三回分枝；苞片 3 枚，与基生叶相似，不等大，有时 1 枚为单叶，3 深裂；花梗有短绒毛；萼片 5，淡粉红色或白色。聚合果球形。花期 7～10 月。

分布区域：主要分布于长坪沟、海子沟山地草坡或路边。

071 无距耧斗菜 *Aquilegia ecalcarata*

毛茛科 耧斗菜属

特征简介：根粗，圆柱形。茎上部常分枝。基生叶数枚，有长柄，为二回三出复叶；中央小叶楔状倒卵形至扇形，3深裂或3浅裂，裂片有2~3个圆齿，侧面小叶斜卵形，不等2裂，表面绿色，无毛，背面粉绿色。茎生叶形似基生叶，较小。花直立或有时下垂；萼片紫色，近平展，椭圆形；花瓣直立，瓣片长方状椭圆形，顶端近截形，无距。蓇葖果疏被长柔毛。花期5~6月，果期6~8月。

分布区域：主要分布于长坪沟、双桥沟山地林下或路旁。

072 长花铁线莲 *Clematis rehderiana*

毛茛科 铁线莲属

特征简介：木质藤本。茎六棱形，有浅纵沟纹，淡黄绿色或微带紫红色。一至二回羽状复叶，小叶5～9或更多，叶柄及叶轴上面有槽；小叶片宽卵圆形或卵状椭圆形，顶端钝尖，基部心形、截形或楔形，边缘3裂，有粗锯齿或有时裂成3小叶；聚伞圆锥花序腋生，与叶近等长，在花序的分枝处生1对膜质的苞片，苞片卵圆形或卵状椭圆形；花萼钟状，顶端微反卷，芳香；萼片4枚，淡黄色，长方椭圆形或窄卵形，内面无毛，外面被平伏的短柔毛，边缘被白色绒毛。瘦果扁平，宽卵形或近于圆形，棕红色。花期7～8月，果期9月。

分布区域：主要分布于长坪沟阳坡、沟边及林边的灌木丛中。

073 美花铁线莲

Clematis potaninii

毛茛科　铁线莲属

特征简介：藤本。茎、枝有纵沟，紫褐色。一至二回羽状复对生，基部有三角状宿存芽鳞；小叶片薄纸质，倒卵状椭圆形、卵形至宽卵形，基部楔形、圆形或微心形，有时偏斜，边缘有缺刻状锯齿。花单生或聚伞花序有花3朵，腋生；萼片5~7，开展，白色，楔状倒卵形或长圆状倒卵形，外面有短柔毛，中间带褐色部分呈长椭圆状，内面无毛。瘦果无毛，扁平。花期6~8月，果期8~10月。

分布区域：主要分布于长坪沟、巴朗山山坡、山谷林下或林边。

074 西南铁线莲 *Clematis pseudopogonandra*

毛茛科　铁线莲属

特征简介：木质藤本，表面棕红色。二回三出复叶；小叶片纸质，卵状披针形或窄卵形，顶端有尾状渐尖，幼时两面微被柔毛，后无毛。单花腋生，稀有 2 花束生，花梗顶端微被柔毛，无苞片；萼片 4 枚，钟状，淡紫红色至紫黑色，卵状披针形或椭圆状披针形，顶端渐尖，外面被稀疏柔毛至近于无毛，内面上部被绒毛，边缘密被淡黄色绒毛。瘦果狭卵形。花期 6 ～ 7 月，果期 8 ～ 9 月。

分布区域：主要分布于长坪沟山沟、疏林下及灌木丛中。

075　甘青铁线莲 *Clematis tangutica*

毛茛科　铁线莲属

特征简介：落叶藤本。茎有明显的棱。一回羽状复叶，有5～7枚小叶；小叶片基部常浅裂至全裂，侧生裂片小，中裂片较大，卵状长圆形、狭长圆形或披针形，顶端钝，有短尖头，基部楔形，边缘有不整齐缺刻状的锯齿。花单生，有时为单聚伞花序，有花3朵，腋生；花序梗粗壮；萼片4，黄色外面带紫色，斜上展，狭卵形、椭圆状长圆形。瘦果倒卵形。花期6～9月，果期9～10月。

分布区域：主要分布于巴朗山、海子沟草地或灌木丛中。

076 薄叶铁线莲 *Clematis gracilifolia*

毛茛科 铁线莲属

特征简介：藤本。茎、枝圆柱形，有纵条纹，小枝有短柔毛，后变无毛，外皮紫褐色，老时剥落。三出复叶至一回羽状复叶，有3～5枚小叶，数叶与花簇生，或为对生，小叶片三或二裂至三全裂，若3全裂，则顶生裂片常有短柄，侧生裂片无柄，小叶片或裂片纸质或薄纸质，卵状披针形、卵形至宽卵形或倒卵形顶端锐尖，基部圆形或楔形，有时偏斜，边缘有缺刻状锯齿或牙齿，两面疏生贴伏短柔毛。花1～5朵与叶簇生；萼片4，开展，白色或外面带淡红色，长圆形至宽倒卵形，外面有短柔毛，内面无毛，雄蕊无毛。瘦果无毛，卵圆形。花期4～6月，果期6～10月。

分布区域：主要分布于巴朗山山坡林中阴湿处或沟边。

077 黄三七 *Actaea vaginata*

毛茛科　类叶升麻属

特征简介：根状茎横走。茎无毛或近无毛，在基部生 2～4 片膜质的宽鞘，在鞘之上约生 2 枚叶。叶二至三回三出全裂，无毛；叶片三角形；一回裂片具长柄，卵形至卵圆形，中央二回裂片具较长的柄，比侧生的二回裂片稍大，轮廓卵状三角形，中

央三回裂片菱形，再一至二回羽状分裂，侧生三回裂片似中央三回裂片。总状花序；花先叶开放；花瓣具多条脉，顶部稍平或略圆。蓇葖 1～3。花期 5～6 月，果期 7～9 月。

分布区域：主要分布于长坪沟、双桥沟山地林中、林缘或草坡中。

078 偏翅唐松草 *Thalictrum delavayi*

毛茛科 唐松草属

特征简介：植株全部无毛。茎分枝。茎下部和中部叶为三至四回羽状复叶；小叶草质，大小变异很大，顶生小叶圆卵形、倒卵形或椭圆形，基部圆形或楔形，三浅裂或不分裂，裂片全缘或有1～3齿，脉平或在背面稍隆起，脉网不明显；叶柄基部有鞘；托叶半圆形，边缘分裂或不裂。圆锥花序；萼片4（5），淡紫色，卵形或狭卵形，顶端急尖或微钝。瘦果扁，斜倒卵形。花期6～9月。

分布区域：主要分布于四姑娘山镇、双桥沟、长坪沟山地林边、沟边、灌木丛或疏林中。

079 短柱侧金盏花 *Adonis davidii*

毛茛科 侧金盏花属

特征简介：多年生草本。茎常从下部分枝，基部有膜质鳞片，无毛。茎下部叶有长柄，上部有短柄或无柄，无毛；叶片五角形或三角状卵形，三全裂，全裂片有长或短柄，二回羽状全裂或深裂，末回裂片狭卵形，有锐齿。萼片5～7，椭圆形，无毛；花瓣7～10(14)，白色，有时带淡紫色，倒卵状长圆形或长圆形。瘦果倒卵形，疏被短柔毛，有短宿存花柱。花期4～8月。

分布区域：主要分布于长坪沟山地草坡、沟边、林边或林中。

080 鸦跖花 *Oxygraphis glacialis*

毛茛科 鸦跖花属

特征简介：植株有短根状茎；须根细长，簇生。叶全部基生，卵形、倒卵形至椭圆状长圆形，全缘，有三出脉，无毛，常有软骨质边缘；叶柄较宽扁，基部鞘状，最后撕裂成纤维状残存。花葶 1～3 条，无毛；花单生；萼片 5，宽倒卵形，近革质，无毛，果后增大，宿存；花瓣橙黄色或表面白色，10～15 枚，披针形或长圆形，基部渐狭成爪，蜜槽呈杯状凹穴。聚合果近球形。花果期 6～8 月。

分布区域：主要分布于巴朗山、长坪沟和海子沟高山草甸或高山灌木丛中。

◆ 芍药科 Paeoniaceae

081 川赤芍 *Paeonia anomala* subsp. *veitchii*

芍药科 芍药属

特征简介：多年生草本。茎无毛。叶为二回三出复叶，叶片轮廓宽卵形；小叶成羽状分裂，裂片窄披针形至披针形，顶端渐尖，全缘，表面深绿色，沿叶脉疏生短柔毛，背面淡绿色，无毛；花2~4朵，生茎顶端及叶腋，有时仅顶端一朵开放；苞片2~3，分裂或不裂，披针形，大小不等；萼片4，宽卵形；花瓣6~9，倒卵形，紫红色或粉红色。蓇葖长1~2厘米，密生黄色绒毛。花期5~6月，果期7月。

分布区域：主要分布于海子沟、长坪沟和双桥沟山地林下及山坡草地上。

◆ 茶藨子科 Grossulariaceae

082 长刺茶藨子

Ribes alpestre

茶藨子科 茶藨子属

特征简介：落叶灌木；老枝灰黑色，无毛，小枝灰黑色至灰棕色，在叶下部的节上着生3枚粗壮刺，节间常疏生细小针刺或腺毛。叶宽卵圆形，不育枝上的叶更宽大，基部近截形至心脏形，两面被细柔毛，沿叶脉毛较密，3～5裂。花两性，2～3朵组成短总状花序或花单生于叶腋；花萼绿褐色或红褐色；萼筒钟形，萼片长圆形或舌形，花期向外反折，果期常直立；花瓣椭圆形或长圆形，先端钝或急尖，带白色。果实近球形或椭圆形，紫红色。花期4～6月，果期6～9月。

分布区域：主要分布于长坪沟、双桥沟林下、灌木丛中、林缘、河谷草地或河岸边。

083 糖茶藨子 *Ribes himalense*

茶藨子科　茶藨子属

特征简介：落叶小灌木；枝粗壮，小枝黑紫色或暗紫色。叶卵圆形或近圆形，基部心脏形，上面无柔毛，常贴生腺毛，下面无毛，稀微具柔毛，或混生少数腺毛，掌状 3～5 裂，裂片卵状三角形，顶生裂片比侧生裂片稍长大。总状花序具花 8～20 朵，花朵排列较密集；花萼绿色带紫红色晕或紫红色；萼筒钟形；花瓣近

匙形或扇形，先端圆钝或平截，边缘微有睫毛，红色或绿色带浅紫红色。果实球形，红色或熟后转变成紫黑色。花期 4～6 月，果期 7～8 月。

分布区域：主要分布于长坪沟山谷、河边灌木丛、林下和林缘。

◆ 虎耳草科 Saxifragaceae

084 沼地虎耳草 *Saxifraga heleonastes*

虎耳草科　虎耳草属

特征简介：多年生草本。根状茎短。茎疏生褐色卷曲柔毛。基生叶具长柄，叶片长圆形至披针形，先端钝或急尖，腹面无毛，背面有时疏生褐色卷曲柔毛，边缘疏生褐色卷曲长柔毛；茎生叶披针形、倒披针形至线形，先端稍钝，无毛，或有时背面和边缘疏生褐色卷曲柔毛。聚伞花序具花2~5朵，或单花生于茎顶；花梗密被褐色卷曲柔毛；萼片在花期直立至开展，卵形、狭卵形至近椭圆形，先端急尖或钝，两面无毛；花瓣黄色，狭倒卵形、卵形、椭圆形至长圆形，先端急尖或钝。花果期7~10月。

分布区域：主要分布于双桥沟、长坪沟、巴朗山高山草甸。

085 顶峰虎耳草 *Saxifraga cacuminum*

虎耳草科   虎耳草属

特征简介：多年生草本，密丛生。茎被黑褐色腺毛。基生叶密集，具柄，叶片狭长圆状线形，先端具芒，腹面和边缘具硬毛，背面无毛，叶柄基部扩大，边缘具长腺毛；茎生叶，下部者具柄，上部者变无柄，狭长圆状线形，先端具芒，两面和边缘均生腺毛。花单生于茎顶；花梗被黑褐色腺毛；萼片在花期开展，三角状卵形，腹面和边缘无毛，背面被腺毛，3脉于先端不汇合；花瓣黄色，长圆形，先端急尖或稍钝，基部具爪。花期7~8月。

分布区域：主要分布于巴朗山高山草甸。

086 黑蕊虎耳草 *Saxifraga melanocentra*

虎耳草科　虎耳草属

特征简介：多年生草本。根状茎短。叶均基生，具柄，叶片卵形、菱状卵形、阔卵形、狭卵形至长圆形，先端急尖或稍钝，边缘具圆齿状锯齿和腺睫毛，或无毛，基部楔形，稀心形，两面疏生柔毛或无毛；叶柄疏生柔毛。花葶被卷曲腺柔毛；苞叶卵形、椭圆形至长圆形，先端急尖。聚伞花序伞房状；稀单花；萼片在花期开展或反曲，三角状卵形至狭卵形；花瓣白色，稀红色至紫红色，基部具 2 黄色斑点，或基部红色至紫红色，阔卵形、卵形至椭圆形。花果期 7～9 月。

分布区域：主要分布于巴朗山高山灌木丛、高山草甸和高山碎石隙。

087 垂头虎耳草 *Saxifraga nigroglandulifera*

虎耳草科　虎耳草属

特征简介：多年生草本。茎不分枝，中下部仅于叶腋具黑褐色长柔毛，上部被黑褐色短腺毛。基生叶具柄，叶片阔椭圆形、椭圆形、卵形至近长圆形；茎生叶，下部者具长柄，向上渐变无柄，叶片披针形至长圆形。聚伞花序总状；花通常垂头，多偏向一侧；花梗密被黑褐色腺毛；萼片在花期直立，三角状卵形、卵形至披针形；花瓣黄色，近匙形至狭倒卵形。花果期7～10月。

分布区域：主要分布于巴朗山高山灌木丛、高山草甸。

088 苍山虎耳草

Saxifraga tsangchanensis

虎耳草科 虎耳草属

特征简介：多年生草本。茎中下部叶腋处具褐色长柔毛，上部被黑褐色腺毛。基生叶具长柄，叶片卵形、椭圆形至长圆形，先端急尖，腹面和边缘疏生褐色柔毛，背面无毛；茎生叶，中下部者具柄，叶片长圆形、披针形至卵形，先端钝状急尖，腹面和边缘通常被褐色柔毛，背面无毛。花单生于茎顶，或聚伞花序具花2～3朵；花梗被黑褐色腺毛；萼片在花期由直立逐渐开展，卵形至椭圆形；花瓣黄色，椭圆形至倒卵形。蒴果。花果期7～9月。

分布区域：主要分布于巴朗山灌木丛、灌木丛草甸和岩坡石隙。

089 川西虎耳草 *Saxifraga dielsiana*

虎耳草科 虎耳草属

特征简介：草本。茎被褐色腺毛。基生叶密集，呈莲座状，匙形，全缘，两面和边缘均被褐色腺毛；茎生叶匙形至近倒卵形，下部者具 4～5 齿，上部者全缘，两面和边缘均具褐色腺毛。多歧聚伞花序具多花；花梗被褐色腺毛；萼片在花期近直立，披针形，先端急尖，两面和边缘均具褐色腺毛，5～6 脉于先端汇合成 1 疣点；花瓣黄色，近披针形至近长圆形，先端急尖或钝。花期 7～8 月。

分布区域：主要分布于双桥沟岩石缝隙。

090 耳状虎耳草 *Saxifraga auriculata*

虎耳草科　虎耳草属

特征简介：多年生草本。茎不分枝，下部带红色，被苍白色长腺毛，中上部被较短腺毛。茎生叶以中部较大，向上向下渐变小，下部者，叶片卵形，基部圆形，两面和边缘均具短腺毛，中部者狭卵形，基部近心形或圆形，具短柄。聚伞花序具花3～6朵；花梗密被腺柔毛；萼片在花期直立，近卵形，背面和边缘具短腺毛；花瓣黄色，近长圆形，基部突然变狭成爪，基部侧脉旁具2痂体。花期7～8月。

分布区域：主要分布于双桥沟、巴朗山高山草甸。

091   繁缕虎耳草 *Saxifraga stellariifolia*

虎耳草科   虎耳草属

特征简介：多年生草本，丛生。茎被褐色卷曲长腺毛。基生叶和下部茎生叶在花期枯凋；中上部茎生叶具柄，卵形，先端急尖或稍钝，基部通常圆形，腹面无毛或疏生腺柔毛，背面和边缘疏生腺柔毛，叶柄基部边缘具褐色长腺毛。花单生于茎顶，或聚伞花序伞房状，具花 2～6 朵；花梗被褐色腺柔毛；萼片在花期开展至反曲，近椭圆形至卵形；花瓣黄色，卵形至椭圆形，先端急尖或钝圆。蒴果。花果期 7～9 月。

分布区域：主要分布于双桥沟、海子沟和长坪沟林下和高山草甸。

092 假大柱头虎耳草

Saxifraga macrostigmatoides

虎耳草科　虎耳草属

特征简介：多年生草本。茎下部密被柔毛，中上部密被黑褐色腺毛。不育枝的叶近长圆形，先端具短尖头，两面无毛，边缘疏生刚毛状睫毛；茎生叶中部较大，向下、向上渐变小，下部者近匙形，边缘疏生刚毛状睫毛，中上部者长圆形至线状长圆形，先端具芒状短尖头，边缘具黑褐色腺睫毛。花单生于茎顶；萼片在花期直立或稍开展，卵形至近椭圆形；花瓣黄色，倒卵形，先端钝圆。花期7～8月。

分布区域：主要分布于巴朗山高山灌木丛草甸、高山草甸和高山碎石隙。

093 卵心叶虎耳草 *Saxifraga epiphylla*

虎耳草科 虎耳草属

特征简介：多年生草本。茎不分枝。基生叶具长柄，叶片革质，通常卵形，稀阔卵形至肾形，边缘具波状粗齿和腺睫毛，基部心形（与叶柄连接处具芽）；茎生叶1～4枚，披针形至卵形，腹面无毛，背面和边缘具腺毛。聚伞花序圆锥状，具花12～30朵；花两侧对称；萼片在花期开展至反曲，卵形，先端钝或急尖；花瓣白色，5枚，其中3枚较短，卵形，1枚较长，披针形至线状披针形，另1枚最长，线状披针形至披针形。蒴果。花果期5～10月。

分布区域：主要分布于双桥沟林下、岩壁石隙。

094 山地虎耳草 *Saxifraga sinomontana*

虎耳草科 虎耳草属

特征简介：多年生草本。茎疏被褐色卷曲柔毛。
基生叶发达，具柄，叶片椭圆形、长圆形至线状
长圆形，先端钝或急尖，无毛；茎生叶披针形至线
形，两面无毛或背面和边缘疏生褐色长柔毛。聚伞花序
具花2~8朵，稀单花；萼片在花期直立，近卵形至近椭圆形，
先端钝圆，腹面无毛，背面有时疏生柔毛；花瓣黄色，倒卵形、椭
圆形、长圆形、提琴形至狭倒卵形，先端钝圆或急尖。花果期5~10月。

分布区域：主要分布于巴朗山灌木丛、高山草甸和高山碎石隙。

095   唐古特虎耳草 *Saxifraga tangutica*

虎耳草科   虎耳草属

特征简介：多年生草本，丛生。茎被褐色卷曲长柔毛。基生叶具柄，叶片卵形、披针形至长圆形，两面无毛，边缘具褐色卷曲长柔毛；茎生叶叶片披针形、长圆形至狭长圆形，腹面无毛，背面下部和边缘具褐色卷曲柔毛。多歧聚伞花序（2）8～24花；萼片在花期由直立逐渐开展至反曲，卵形、椭圆形至狭卵形，先端钝；花瓣黄色，或腹面黄色而背面紫红色，卵形、椭圆形至狭卵形。花果期6～10月。

分布区域：主要分布于巴朗山林下、灌木丛、高山草甸和高山碎石隙。

096 岩梅虎耳草 *Saxifraga diapensia*

虎耳草科 虎耳草属

特征简介：多年生草本，丛生。茎被褐色腺柔毛。基生叶密集呈莲座状，具柄，叶片近椭圆形至狭卵形，先端急尖，基部楔形，无毛，叶柄扩大呈鞘状，边缘具褐色卷曲长腺毛；茎生叶约2枚，通常隐藏于莲座叶丛之内，稍肉质，线状长圆形至近线形，边缘具腺毛。花单生于茎顶；花梗被褐色短腺毛，萼片在花期直立状开展，稍肉质，卵形，两面无毛，边缘多少具褐色腺毛；花瓣黄色，卵形、椭圆形至近长圆形。花期7～8月。

分布区域：主要分布于巴朗山高山草甸和高山碎石隙。

097 爪瓣虎耳草 *Saxifraga unguiculata*

虎耳草科　虎耳草属

特征简介：多年生草本。莲座叶匙形至近狭倒卵形，先端具短尖头，通常两面无毛，边缘多少具刚毛状睫毛；茎生叶较疏，稍肉质，长圆形、披针形至剑形，先端具短尖头，通常两面无毛，边缘具腺毛，稀无毛或背面疏被腺毛。花单生于茎顶，或聚伞花序具花2~8朵；萼片起初直立，后变开展至反曲，肉质；花瓣黄色，中下部具橙色斑点，狭卵形、近椭圆形、长圆形至披针形。花期7~8月。

分布区域：主要分布于双桥沟林下、高山草甸和高山碎石隙。

098 七叶鬼灯檠 *Rodgersia aesculifolia*

虎耳草科 鬼灯檠属

特征简介：多年生草本。茎具棱。掌状复叶具长柄，柄基部扩大呈鞘状，具长柔毛，腋部和近小叶处，毛较多；小叶片草质，倒卵形至倒披针形，先端短渐尖，基部楔形，边缘具重锯齿，腹面沿脉疏生近无柄的腺毛，背面沿脉具长柔毛，基部无柄。多歧聚伞花序圆锥状，花序轴和花梗均被白色膜片状毛；萼片开展，近三角形，先端短渐尖。蒴果卵形，具喙。花果期5～10月。

分布区域：主要分布于长坪沟林下、灌木丛、草甸和石隙。

099 肾叶金腰 *Chrysosplenium griffithii*

虎耳草科　金腰属

特征简介：多年生草本，丛生。茎不分枝，无毛。无基生叶，或仅具 1 枚，叶片肾形，7～19 浅裂，叶柄疏生褐色柔毛和乳头突起；茎生叶互生，叶片肾形，11～15 浅裂，两面无毛，但裂片间弯缺处有时具褐色柔毛和乳头突起；叶腋具褐色乳头突起和柔毛。聚伞花序具多花；花梗被褐色乳头突起和柔毛；花黄色；萼片在花期开展，近圆形至菱状阔卵形。蒴果，先端近平截而微凹，2 果瓣近等大，近水平状叉开。花果期 5～9 月。

分布区域：主要分布于长坪沟、巴朗山林下、林缘、高山草甸和高山碎石隙。

◆ 景天科 Crassulaceae

100 大花红景天 *Rhodiola crenulata*（国家二级保护植物）

景天科　红景天属

特征简介：多年生草本。不育枝直立，先端密着叶，叶宽倒卵形。花茎多，直立或扇状排列，稻秆色至红色。叶有短的假柄，椭圆状长圆形至圆形，先端钝或有短尖，全缘或波状或有圆齿。花序伞房状；花大形，有长梗，雌雄异株；雄花萼片5，狭三角形至披针形；花瓣5，红色，倒披针形，有长爪；雌花膏葖5，直立，花枝短，干后红色；种子倒卵形，两端有翅。花期6～7月，果期7～8月。

分布区域：主要分布于巴朗山山坡草地、灌木丛中、石缝中。

101 菊叶红景天 *Rhodiola chrysanthemifolia*

景天科 红景天属

特征简介：多年生草本。主根粗，分枝。根茎长，在地上部分及先端被鳞片，鳞片三角形。花茎高4～10厘米，被微乳头状突起，仅先端着生叶。叶长圆形、卵形或卵状长圆形，先端钝，基部楔形，边缘羽状浅裂。伞房状花序，紧密；花两性；苞片圆匙形；萼片5，线形至三角状线形，或狭三角状卵形；花瓣5，长圆状卵形，全缘或上部啮蚀状。膏葖5，披针形。花期8月，果期9～10月。

分布区域：主要分布于双桥沟山坡石缝中。

102 狭叶红景天 *Rhodiola kirilowii*

景天科　红景天属

特征简介：多年生草本。根粗，直立。根茎直径1.5厘米，先端被三角形鳞片。花茎少数，高15～60厘米，少数可达90厘米，叶密生。叶互生，线形至线状披针形，先端急尖，边缘有疏锯齿，或有时全缘，无柄。花序伞房状，有多花；雌雄异株；萼片5或4，三角形，先端急尖；花瓣5或4，绿黄色，倒披针形；蓇葖披针形，有短而外弯的喙；种子长圆状披针形。花期6～7月，果期7～8月。

　　分布区域：主要分布于双桥沟、巴朗山山地多石草地上或石坡上。

103 大果红景天 *Rhodiola macrocarpa*

景天科　红景天属

特征简介：多年生草本。根茎粗，先端被长三角形鳞片。花茎少数，直立，不分枝，上部有微乳头状突起。叶近轮生，无柄，上部的叶线状倒披针形至倒披针形，先端急尖，基部渐狭，边缘有不整齐的锯齿或浅裂，下部的叶渐缩小而全缘。花序伞房状，有苞片；花梗被微乳头状突起；雌雄异株；萼片5，线形，花瓣5，黄绿色，线形；雄花中雄蕊10，黄色；雄花中心皮5，线状披针形，雌花心皮5，紫色，长圆状卵形，基部急狭，近有柄，花柱短，直；种子披针状卵形，两端有翅。花期7～9月，果期8～10月。

分布区域：主要分布于巴朗山山坡上。

104 长鞭红景天 *Rhodiola fastigiata*（国家二级保护植物）

景天科 红景天属

特征简介：多年生草本。根茎长达50厘米以上，不分枝或少分枝，每年伸出达1.5厘米，老的花茎脱落，或有少数宿存的，基部鳞片三角形。花茎4~10，着生主轴顶端，叶密生。叶互生，线状长圆形、线状披针形、椭圆形至倒披针形，先端钝，基部无柄，全缘，或有微乳头状突起。花序伞房状；雌雄异株；花密生；萼片5，线形或长三角形；花瓣5，红色，长圆状披针形；蓇葖直立，先端稍向外弯。花期6~8月，果期9月。

分布区域：主要分布于巴朗山、长坪沟山坡上。

◆ 豆科 Fabaceae

105 块茎岩黄芪 *Hedysarum algidum*

豆科　岩黄芪属

特征简介：多年生草本。茎细弱，仰卧，被柔毛。托叶披针形，棕褐色干膜质，外被短柔毛；小叶近无柄，椭圆形或卵形，上面无毛，下面被贴伏短柔毛，先端圆形或截平状。总状花序腋生；花外展，具被短柔毛的花梗；花萼钟状，萼筒淡污紫红色，萼齿三角状披针形，被柔毛；花冠紫红色，下部色较淡或近白色，旗瓣倒卵形，翼瓣线形，与旗瓣近等长，龙骨瓣稍长于旗瓣。花期6～8月，果期8～9月。

分布区域：主要分布于双桥沟、巴朗山草地、林缘。

106 锡金岩黄芪 *Hedysarum sikkimense*

豆科 岩黄芪属

特征简介：多年生草本。茎无明显的分枝。托叶宽披针形，棕褐色干膜质，外被疏柔毛；小叶片长圆形或卵状长圆形，基部圆楔形。总状花序腋生；花常偏于一侧着生；苞片披针状卵形，先端渐尖；花萼钟状，萼筒暗污紫色，半透明；花冠紫红色或后期变为蓝紫色，旗瓣倒长卵形，先端圆形，微凹，翼瓣线形，常被短柔毛。荚果，节荚近圆形、椭圆形或倒卵形。花期7～8月，果期8～9月。

分布区域：主要分布于巴朗山高山草地、灌木丛等。

107 二色锦鸡儿 *Caragana bicolor*

豆科 锦鸡儿属

特征简介：灌木；老枝灰褐色或深灰色；小枝褐色，被短柔毛。羽状复叶有 4～8 对小叶；长枝上叶轴硬化成粗针刺，灰褐色或带白色；小叶倒卵状长圆形、长圆形或椭圆形，先端钝或急尖。花萼钟状，萼齿披针形；花冠黄色，旗瓣干时紫堇色，倒卵形，瓣柄长不及瓣片的 1/2，翼瓣的瓣柄比瓣片短；龙骨瓣较旗瓣稍短，瓣柄与瓣片近等长。荚果圆筒状。花期 6～7 月，果期 9～10 月。

分布区域：主要分布于海子沟山坡灌木丛、杂木林内。

108　紫花野决明 *Thermopsis barbata*

豆科　野决明属

特征简介：多年生草本。茎直立，茎下部叶 4～7 枚轮生。小叶长圆形或披针形至倒披针形，先端锐尖，边缘渐下延成翅状叶柄，两面密被白色长柔毛。总状花序顶生；苞片椭圆形或卵形，先端锐尖，基部连合鞘状；萼近二唇形，密被贴伏绢毛；花冠紫色，干后有时呈蓝色，旗瓣近圆形，先端凹缺，基部截形或近心形，翼瓣和龙骨瓣近等长。荚果长椭圆形。花期 6～7 月，果期 8～9 月。

分布区域：主要分布于海子沟河谷、山坡。

109 百脉根 *Lotus corniculatus*

豆科 百脉根属

特征简介：多年生草本。全株散生稀疏白色柔毛或无毛；茎丛生，实心，近四棱形。羽状复叶，小叶 5 枚，基部 2 小叶呈托叶状，纸质，斜卵形或倒披针状卵形。伞形花序，花 3～7 朵，集生于花序梗顶端，花萼钟形，萼齿近相等；花冠黄或金黄色，旗瓣扁圆形，瓣片和瓣柄几等长，翼瓣和龙骨瓣等长，均稍短于旗瓣，龙骨瓣呈直角三角形弯曲。荚果直，线状圆柱形。花期 5～9 月，果期 7～10 月。

分布区域：主要分布于长坪沟、海子沟、巴朗山山坡、草地或河滩地。

110　高山豆 *Tibetia himalaica*

豆科　高山豆属

特征简介：多年生草本，主根直下，上部增粗，分茎明显。叶长 2～7 厘米，叶柄被稀疏长柔毛；托叶大，卵形，密被贴伏长柔毛；小叶 9～13 枚，圆形至椭圆形、宽倒卵形至卵形，顶端微缺至深缺，被贴伏长柔毛。伞形花序具花 1～3 朵，稀 4 朵；总花梗与叶等长或较叶长，具稀疏长柔毛。花萼钟状，被长柔毛；花冠深蓝紫色。荚果圆筒形或有时稍扁，被稀疏柔毛或近无毛。花期 5～6 月，果期 7～8 月。

分布区域：主要分布于巴朗山、长坪沟、海子沟、双桥沟草地，分布广泛。

◆ 蔷薇科 Rosaceae

111 五叶双花委陵菜 *Potentilla biflora* var. *lahulensis*

蔷薇科 委陵菜属

特征简介：多年生丛生或垫状草本。花茎直立。基生叶有 5 小叶，基部 1 对小叶不分裂成两部分；小叶片线形，顶端急尖至渐尖，边缘全缘，向下反卷。花单生或 2 朵稀 3 朵，花梗被疏柔毛；萼片三角卵形，顶端急尖，副萼片披针形，顶端渐尖，外面被疏柔毛，稍长或略短于萼片；花瓣黄色，长倒卵形；瘦果脐部有毛，表面光滑。花果期 6～8 月。

分布区域：主要分布于巴朗山高山石峰、高山草甸、多砾石坡。

112　楔叶委陵菜 *Potentilla cuneata*

蔷薇科　委陵菜属

特征简介：矮小丛生亚灌木或多年生草本。花茎木质，直立或上升。基生叶为3出复叶，叶柄被紧贴疏柔毛，小叶片亚革质，倒卵形、椭圆形或长椭圆形，侧生小叶无柄，顶生小叶有短柄；顶生单花或2花；萼片三角卵形，顶端渐尖，副萼片长椭圆形，顶端急尖，比萼片稍短，外面被平铺柔毛；花瓣黄色，宽倒卵形，顶端略为下凹；瘦果被长柔毛。花果期6~10月。

分布区域：主要分布于双桥沟高山草地、岩石缝中、灌木丛下及林缘。

113　钉柱委陵菜 *Potentilla saundersiana*

蔷薇科　委陵菜属

特征简介：多年生草本。花茎直立或上升，被白色绒毛及疏柔毛。基生叶3～5枚掌状复叶，被白色绒毛及疏柔毛，小叶无柄；小叶片长圆倒卵形，顶端圆钝或急尖，基部楔形，边缘有多数缺刻状锯齿，齿顶端急尖或微钝，茎生叶1～2枚，小叶3～5枚，与基生叶小叶相似。聚伞花序顶生，有花多朵，疏散，外被白色绒毛；萼片三角卵形或三角披针形，副萼片披针形，顶端尖锐；花瓣黄色，倒卵形，顶端下凹。瘦果光滑。花果期6～8月。

分布区域：主要分布于巴朗山山坡草地、多石山顶、高山灌木丛。

114 银露梅 *Dasiphora glabra*

蔷薇科 金露梅属

特征简介：灌木。小枝灰褐色或紫褐色，被稀疏柔毛。叶为羽状复叶，有小叶 2 对，稀 3 枚小叶，上面 1 对小叶基部下延与轴汇合；小叶片椭圆形、倒卵椭圆形或卵状椭圆形，顶端圆钝或急尖，基部楔形或几圆形；顶生单花或数朵，花梗细长，被疏柔毛；萼片卵形，急尖或短渐尖，副萼片披针形、倒卵披针形或卵形；花瓣白色，倒卵形。瘦果表面被毛。花果期 6～11 月。

分布区域：主要分布于巴朗山、双桥沟、海子沟山坡草地、河谷岩石缝中、灌木丛及林中。

115   五叶草莓 *Fragaria pentaphylla*

蔷薇科   草莓属

特征简介：多年生草本，茎高出于叶，密被开
展柔毛。羽状5小叶，质地较厚，顶生小叶具短柄，
上面一对侧生小叶无柄，小叶片倒卵形或椭圆形，
顶端圆形，顶生小叶基部楔形，侧生小叶基部偏斜，
边缘具缺刻状锯齿，锯齿急尖或钝，下面一对小叶远比上面一对小叶小，具短柄或
几无柄；叶柄密被开展柔毛。花序聚伞状，有花（1）2～3（4）朵，基部苞片淡
褐色或呈有柄的小叶状；萼片5，卵圆披针形，外面被短柔毛，比副萼片宽，副萼
片披针形，与萼片近等长，顶端偶有2裂；花瓣白色，近圆形，基部具短爪。聚合
果卵球形，红色，宿存萼片显著反折；瘦果卵形，仅基部具少许脉纹。花期4～5
月，果期5～6月。

分布区域：主要分布于双桥沟、海子沟、长坪沟山坡草地上。

116 高丛珍珠梅 *Sorbaria arborea*

蔷薇科 珍珠梅属

特征简介：落叶灌木，枝条开展；小枝圆柱形，稍有棱角。羽状复叶，小叶片13～17枚，微被短柔毛或无毛；小叶片对生，披针形至长圆披针形，先端渐尖，基部宽楔形或圆形，边缘有重锯齿；小叶柄短或几无柄。顶生大型圆锥花序，分枝开展，总花梗与花梗微具星状柔毛；苞片线状披针形至披针形，微被短柔毛；萼筒浅钟状，内外两面无毛，萼片长圆形至卵形，先端钝，稍短于萼筒；花瓣近圆形，先端钝，基部楔形，白色；雄蕊20～30，着生在花盘边缘，约长于花瓣1.5倍。蓇葖果圆柱形。花期6～7月，果期9～10月。

分布区域：主要分布于双桥沟、长坪沟山坡林边、山溪沟边。

117 滇边蔷薇 *Rosa forrestiana*

蔷薇科 蔷薇属

特征简介：小灌木；小枝圆柱形，带浅黄色、直立皮刺。小叶近圆形，卵形或倒卵形，先端圆钝或截形，基部近圆形，边缘有重锯齿；小叶柄和叶轴无毛，有散生腺毛和稀疏小皮刺；托叶宽平，大部贴生于叶柄，离生部分卵形。花单生或多至 5 朵而为伞房状；苞片圆形或卵形；萼片卵状披针形，全缘，先端稍延长成叶状；花瓣深红色，宽倒卵形，先端微凹。果卵球形，红色。花期 5 月，果期 7～10 月。

分布区域：主要分布于双桥沟灌木丛中。

118 川滇蔷薇 *Rosa soulieana*

蔷薇科 蔷薇属

特征简介：直立开展灌木；枝条开展，圆柱形，无毛；小枝常带苍白绿色；皮刺基部膨大，直立或稍弯曲。小叶5～9枚，常7枚，小叶片椭圆形或倒卵形，先端圆钝，急尖或截形，基部近圆形或宽楔形，边缘有紧贴锯齿；叶柄有稀疏小皮刺，无毛，或有稀疏柔毛；托叶大部贴生于叶柄，离生部分极短。花成多花伞房花序，稀单花顶生；花梗和萼筒无毛，有时具腺毛；萼片卵形，先端渐尖，全缘，基部带有1～2裂片；花瓣黄白色，倒卵形，先端微凹，基部楔形。果实近球形至卵球形，橘红色，老时变为黑紫色。花期5～7，果期8～9月。

分布区域：主要分布于长坪沟山坡、沟边或灌木丛中。

119 绢毛蔷薇 *Rosa sericea*

蔷薇科 蔷薇属

特征简介：直立灌木；皮刺散生或对生，基部稍膨大。小叶 5～11；小叶片卵形或倒卵形，稀倒卵长圆形，先端圆钝或急尖；叶轴、叶柄有极稀疏皮刺和腺毛；托叶大部贴生于叶柄，仅顶端部分离生。花单生于叶腋；萼片卵状披针形，先端渐尖或急尖，全缘，外面有稀疏柔毛或近于无毛，内面有长柔毛；花瓣白色，宽倒卵形，先端微凹。果倒卵球形或球形，红色或紫褐色。花期 5～6 月，果期 7～8 月。

分布区域：主要分布于长坪沟山谷灌木丛中。

120　窄叶鲜卑花 *Sibiraea angustata*

蔷薇科　鲜卑花属

特征简介：灌木；小枝圆柱形，微有棱角。

叶在当年生枝条上互生，在老枝上通常丛生，叶

片窄披针形、倒披针形，稀长椭圆形，先端急尖

或突尖，稀渐尖，基部下延呈楔形，全缘，上下

两面均不具毛；顶生穗状圆锥花序；苞片披针形，

先端渐尖，全缘；萼筒浅钟状；萼片宽三角形，先端急

尖，全缘，内外两面均被稀疏柔毛；花瓣宽倒卵形，先端圆钝，基部下延呈楔形，白

色。蓇葖果直立。花期 6 月，果期 8～9 月。

分布区域：主要分布于海子沟山坡灌木丛中或山谷沙石滩上。

121 马蹄黄 *Spenceria ramalana*

薔薇科 马蹄黄属

特征简介：多年生草本；茎直立，圆柱形，带红褐色，不分枝，或在栽培时稍分枝，疏生白色长柔毛或绢状柔毛。基生叶为奇数羽状复叶；小叶片 13～21 枚，常为 13 枚，对生稀互生，纸质，宽椭圆形或倒卵状矩圆形，先端 2～3 浅裂，基部圆形；总状花序顶生，有花 12～15 朵；花梗直立；花瓣黄色，倒卵形，先端圆形，基部成短爪。瘦果近球形，黄褐色。花期 7～8 月，果期 9～10 月。

分布区域：主要分布于巴朗山山坡。

122　西康花楸 *Sorbus prattii*

蔷薇科　花楸属

特征简介：灌木；小枝细弱，圆柱形，暗灰色，具少数不明显的皮孔。奇数羽状复叶；小叶片9～13对，长圆形，稀长圆卵形，先端圆钝或急尖，基部偏斜圆形，边缘仅上半部或2/3以上部分有尖锐细锯齿；叶轴有窄翅，上面具沟。复伞房花序多着生在侧生短枝上，排列疏松，总花梗和花梗有稀疏白色或黄色柔毛；萼筒钟状，内外两面均无毛；萼片三角形，先端圆钝，外面无毛，内面微具柔毛；花瓣宽卵形，先端圆钝，白色，无毛。果实球形，白色。花期5～6月，果期9月。

分布区域：生于双桥沟、长坪沟丛林内。

123   细枝绣线菊 *Spiraea myrtilloides*

蔷薇科   绣线菊属

特征简介：灌木。枝条直立或开张；叶片卵形至倒卵状长圆形，稀有钝锯齿，基部楔形，全缘，基部 3 脉较显明；叶柄无毛或近无毛。伞形总状花序具花 7～20 朵；花梗无毛或具稀疏短柔毛；花萼外面无毛或近无毛，内面具短柔毛；萼筒钟状；萼片三角形，先端急尖；花瓣近圆形，先端圆钝，白色。蓇葖果直立开张，仅沿腹缝有短柔毛或无毛。花期 6～7 月，果期 8～9 月。

分布区域：主要分布于双桥沟山坡、山谷或林边。

124 大瓣紫花山莓草 *Sibbaldia purpurea* var. *macropetala*

蔷薇科 山莓草属

特征简介：多年生草本。花茎上升，伏生疏柔毛。基生叶掌状 5 出复叶，叶柄伏生疏柔毛，小叶无柄或几无柄，倒卵形或倒卵长圆形，上下两面伏生白色柔毛或绢状长柔毛；基生叶托叶膜质，深棕褐色，外面疏生绢状柔毛或近无毛。花序明显成伞房状花序，高出于基生叶，稀丛生的个别花茎为单花；萼片三角状卵形，副萼片披针形，外面疏生白毛；花瓣 5，紫色，倒卵长圆形。瘦果卵球形。花果期 6～7 月。

分布区域：主要分布于巴朗山高山草地、雪线附近石砾间或岩石缝中。

125　五叶藏莓草 *Dryadanthe pentaphylla*

蔷薇科　藏莓草属

特征简介：多年生草本。花茎丛生、矮
小。叶为掌状5出复叶，边缘两小叶较中间
3个小叶小，叶柄被绢状长柔毛，小叶倒卵形
或倒卵长圆形，顶端截形或圆钝，有2～3齿，
密被白色疏柔毛或绢状柔毛；托叶膜质，褐
色。花顶生，1～3朵；萼片4或5，三角
卵形，顶端急尖，副萼片披针形，顶端急尖，

外被疏柔毛；花瓣乳黄色，倒卵长圆形，顶端圆钝。瘦果光滑。花果期6～8月。

分布区域：主要分布于巴朗山高山草地、岩石缝中。

126 川西樱桃 *Prunus trichostoma*

蔷薇科 李属

特征简介：乔木或小乔木，高 2～10 米，树皮灰黑色。小枝灰褐色，嫩枝无毛或疏被柔毛。叶片卵形、倒卵形或椭圆披针形，先端急尖或渐尖，边有重锯齿，齿端急尖；托叶带形，边有羽裂锯齿。花 2（3）朵，稀单生，花叶同开；苞片卵形褐色，稀绿褐色，通常早落；萼筒钟状，无毛或被稀疏柔毛，萼片三角形至卵形，内面无毛或有稀疏伏毛；花瓣白色或淡粉红色。核果紫红色。花期 5～6 月，果期 7～10 月。

分布区域：主要分布于长坪沟、双桥沟和海子沟山坡、沟谷林中。

◆ 胡颓子科 Elaeagnaceae

127 中国沙棘 *Hippophae rhamnoides* subsp. *sinensis*

胡颓子科　沙棘属

特征简介：落叶灌木或乔木，棘刺较多；嫩枝褐绿色，密被银白色而带褐色鳞片或有时具白色星状柔毛，老枝灰黑色，粗糙；单叶通常近对生，与枝条着生相似，纸质，狭披针形或矩圆状披针形，两端钝形或基部近圆形，基部最宽，上面绿色，初被白色盾形毛或星状柔毛，下面银白色或淡白色，被鳞片，无星状毛；叶柄极短。果实圆球形，橙黄色或橘红色。花期4～5月，果期9～10月。

分布区域：广布于双桥沟、海子沟、长坪沟河滩、谷地和山坡。

◆ 壳斗科 Fagaceae

128　川滇高山栎 *Quercus aquifolioides*

壳斗科　栎属

特征简介：常绿乔木，生于干旱阳坡或山顶时常呈灌木状。幼枝被黄棕色星状绒毛。叶片椭圆形或倒卵形，老树的叶片顶端圆形，基部圆形或浅心形，全缘，幼树叶缘有刺锯齿，幼叶两面被黄棕色腺毛，尤以叶背中脉上更密，老叶背面被黄棕色薄星状毛和单毛或粉状鳞秕，中脉上部呈之字形曲折，侧脉每边 6～8 条，明显可见。雄花序长 5～9 厘米，花序轴及花被均被疏毛；果序长 0.5～2.5 厘米，有花 1～4 朵。壳斗浅杯形，包着坚果基部，内壁密生绒毛，外壁被灰色短柔毛。坚果卵形或长卵形，无毛。花期 5～6 月，果期 9～10 月。

分布区域：主要分布于海子沟山坡、山谷林中。

◆ 卫矛科 Celastraceae

129 短柱梅花草 *Parnassia brevistyla*

卫矛科 梅花草属

特征简介：多年生草本。基生叶 2～4 枚，具长柄；叶片卵状心形或卵形，先端急尖，基部弯缺甚深呈深心形，全缘，上面深绿色，下面淡绿色；托叶膜质，大部贴生于叶柄，边有流苏状毛，早落。茎 2～4，近中部或偏上有 1 枚茎生叶，茎生叶与基生叶同形，通常较小，其基部常有铁锈色的附属物。花单生于茎顶；萼筒浅，萼片长圆形、卵形或倒卵形，先端圆，全缘，中脉明显，在基部和内面常有紫褐色小点；花瓣白色，宽倒卵形或长圆倒卵形，先端圆，基部渐窄成楔形。蒴果倒卵球形。花期 7～8 月，果期 9 月开始。

分布区域：主要分布于长坪沟、双桥沟、海子沟、巴朗山林下、林缘、林间空地、山坡草地。

◆ 堇菜科 Violaceae

130　双花堇菜 *Viola biflora*

堇菜科　堇菜属

特征简介：多年生草本。地上茎较细弱，直立或斜升。基生叶具长柄，叶片肾形、宽卵形或近圆形，先端钝圆，基部深心形或心形，边缘具钝齿；茎生叶具短柄，叶片较小；托叶与叶柄离生，卵形或卵状披针形，先端尖。花黄色或淡黄色，在开花末期有时变淡白色；萼片线状披针形或披针形；花瓣长圆状倒卵形，具紫色脉纹，侧方花瓣里面无须毛。蒴果长圆状卵形。花果期5～9月。

分布区域：主要分布于长坪沟林下、草甸、灌木丛或林缘。

131　鳞茎堇菜 *Viola bulbosa*

堇菜科　堇菜属

特征简介：多年生低矮草本。根状茎细长，垂直，具多数细根，下部具一小鳞茎。叶簇集茎端；叶片长圆状卵形或近圆形，先端圆或有时急尖，基部楔形或浅心形，边缘具明显的波状圆齿；花小，白色；花梗自地上茎叶腋抽出，通常稍高于叶或与叶近等长，中部以上有2枚线形小苞片；萼片卵形或长圆形，先端尖，基部附属物短而圆，无毛或有缘毛；花瓣倒卵形，侧瓣无须毛，下方花瓣有紫堇色条纹，先端有微缺；距短而粗，呈囊状。蒴果未见。花期5～6月。

分布区域：主要分布于长坪沟林下、山谷、山坡草地。

◆ 牻牛儿苗科 Geraniaceae

132 甘青老鹳草 *Geranium pylzowianum*

牻牛儿苗科 老鹳草属

特征简介：多年生草本。茎直立，细弱。叶互生，基生叶和茎下部叶具长柄，密被倒向短柔毛；叶片肾圆形，掌状深裂至基部，裂片倒卵形，1～2次羽状深裂，小裂片矩圆形或宽条形。花序腋生和顶生；总花梗密被倒向短柔毛；花梗与总花梗下垂；萼片披针形或披针状矩圆形，外被长柔毛；花瓣紫红色，倒卵圆形，先端截平，背面基部被长毛。蒴果被疏短柔毛。花期7～8月，果期9～10月。

分布区域：主要分布于双桥沟林缘草地、高山草甸。

133　反瓣老鹳草 *Geranium refractum*

牻牛儿苗科　老鹳草属

特征简介：多年生草本。根茎粗壮。茎多数，直立，被倒向开展的糙毛和腺毛。叶对生，基生叶和茎下部叶具长柄；叶片五角状，掌状5深裂近基部，裂片菱形或倒卵状菱形，下部全缘，表面被短伏毛，背面被疏柔毛。总花梗腋生和顶生；花梗与总花梗相似，等于或长于花，花后下折；萼片长卵形或椭圆状卵形，先端具短尖头；花瓣白色，倒长卵形，反折。花期7~8月，果期8~9月。

分布区域：主要分布于巴朗山山地灌木丛和草甸。

134 毛蕊老鹳草 *Geranium platyanthum*

牻牛儿苗科　老鹳草属

特征简介：多年生草本。茎直立，单一。叶基生和茎上互生；基生叶和茎下部叶具长柄，柄长为叶片的 2～3 倍，密被糙毛，向上叶柄渐短；叶片五角状肾圆形，掌状 5 裂达叶片中部或稍过之，裂片菱状卵形或楔状倒卵形。花序通常为伞形聚伞花序，顶生或有时腋生，总花梗具花 2～4 朵；萼片长卵形或椭圆状卵形，外被糙毛和开展腺毛；花瓣淡紫红色，宽倒卵形或近圆形，经常向上反折，具深紫色脉纹。蒴果被开展的短糙毛和腺毛。花期 6～7 月，果期 8～9 月。

分布区域：主要分布于巴朗山山地林下、灌木丛和草甸。

◆ 柳叶菜科 Onagraceae

135 柳兰 *Chamerion angustifolium*

柳叶菜科　柳兰属

特征简介：多年粗壮草本；茎圆柱状，无毛，下部稍木质化。叶螺旋状互生，稀近基部对生，无柄，披针状长圆形至倒卵形，常枯萎，褐色；中上部叶近革质，线状披针形或狭披针形，先端渐狭。花序总状，无毛；苞片下部的叶状，上部的很小，三角状披针形。萼片紫红色，长圆状披针形，被灰白柔毛；粉红至紫红色，稀白色。蒴果密被贴生的白灰色柔毛。花期6～9月，果期8～10月。

分布区域：主要分布于巴朗山、海子沟、双桥沟草坡灌木丛、高山草甸、河滩。

136 网脉柳兰 *Chamerion conspersum*

柳叶菜科 柳兰属

特征简介：多年生草本；茎周围被曲柔毛，花期常变红色，干时变褐色。叶螺旋状互生，地下生的叶抱茎鳞片状，革质，三角形；地上茎基部的叶近膜质，近无柄，狭三角形至披针形；茎中上部的叶草质至亚革质，狭长圆状或椭圆状披针形，先端锐尖或渐尖；总状花序；花萼长圆形，常长过花瓣；花瓣淡红紫色，下面的二枚较狭，近心形至近圆形。蒴果密被曲柔毛。花期7～9月，果期9～10月。

分布区域：主要分布于双桥沟沟谷湿地。

137　亚革质柳叶菜 *Epilobium subcoriaceum*

柳叶菜科　柳叶菜属

特征简介：多年生直立草本。茎下部常带紫红色，棱线2或4条，明显，其上有毛，其余无毛。叶对生，花序上的互生，近无柄，近革质，狭卵形至披针形，边缘每边具细锯齿。花序花前稍下垂。花管喉部有一环白色毛；萼片披针形，龙骨状；花瓣粉红色至玫瑰紫色，倒卵形，先端有凹缺。蒴果疏被腺毛与曲柔毛。花期7～8月，果期8～9月。

分布区域：主要分布于巴朗山草地。

◆ 瑞香科 Thymelaeaceae

138 狼毒 *Stellera chamaejasme*

瑞香科 狼毒属

特征简介：多年生草本。茎直立，丛生。叶散生，稀
对生或近轮生，薄纸质，披针形或长圆状披针形，稀长圆形，先
端常渐尖或急尖，基部圆形至钝形或楔形，上面绿色，下面淡绿色至灰
绿色，边缘全缘；叶柄短。花白色、黄色或下部带紫色，芳香，多花的头状
花序，顶生；具绿色叶状总苞片；花萼筒细瘦，基部略膨大，无毛，裂片5，卵状
长圆形，顶端圆形；果实圆锥形。花期4～6月，果期7～9月。

分布区域：主要分布于双桥沟、海子沟高山草坡、草坪或河滩台地。

139 凹叶瑞香 *Daphne retusa*

瑞香科 瑞香属

特征简介：常绿灌木。分枝密而短，稍肉质。叶互生，常簇生于小枝顶部，革质或纸质，长圆形至长圆状披针形或倒卵状椭圆形，先端钝圆形，尖头凹下。花外面紫红色，内面粉红色，无毛，芳香，数花组成头状花序，顶生；花序梗短，均密被褐色糙伏毛；花萼筒圆筒形，裂片 4，宽卵形至近圆形或卵状椭圆形，顶端圆形至钝形，脉纹显著。果实浆果状，成熟后红色。花期 4～5 月，果期 6～7 月。

分布区域：保护区内分布较广泛，生于海草坡或灌木林下。

◆ 十字花科 Brassicaceae

140　紫花碎米荠 *Cardamine tangutorum*

十字花科　碎米荠属

特征简介：多年生草本。茎单一，不分枝。基生叶有长叶柄；小叶 3～5 对，长椭圆形，顶端短尖，边缘具钝齿，基部呈楔形或阔楔形，无小叶柄；茎生叶通常只有 3 枚，着生于茎的中、上部，有叶柄。总状花序有 10 余朵花；外轮萼片长圆形，内轮萼片长椭圆形；花瓣紫红色或淡紫色，倒卵状楔形，顶端截形，基部渐狭成爪。长角果线形，扁平。花期 5～7 月，果期 6～8 月。

分布区域：主要分布于巴朗山、长坪沟、海子沟溪流边。

◆ 桑寄生科 Loranthaceae

141 柳叶寄生 *Phyllodesmis delavayi*

桑寄生科　柳叶寄生属

特征简介：灌木。全株无毛；二年生枝条黑色，具光泽。叶互生，有时近对生或数枚簇生于短枝上，革质，卵形、长卵形、长椭圆形或披针形。伞形花序，1～2个腋生或生于小枝已落叶腋部，具花2～4朵；苞片卵圆形；花红色，花托椭圆状；副萼环状，全缘或具4浅齿，稀具撕裂状芒；花冠花蕾时管状。果椭圆状，黄色或橙色。花期2～7月，果期5～9月。

分布区域：主要分布于长坪沟、双桥沟、四姑娘山镇周边，寄生于花楸、山楂、樱桃、马桑或柳属、桦木属、栎属、槭属、杜鹃属等植物。

◆ 柽柳科 Tamaricaceae

142 具鳞水柏枝 *Myricaria squamosa*

柽柳科 水柏枝属

特征简介：直立灌木；老枝紫褐色、红褐色或灰褐色；去年生枝黄褐色或红褐色；当年生枝淡黄绿色至红褐色。叶披针形、卵状披针形、长圆形或狭卵形，先端钝或锐尖。总状花序侧生于老枝上，单生或数个花序簇生于枝腋；花序基部被多数覆瓦状排列的鳞片；萼片卵状披针形、长圆形或长椭圆形，先端锐尖或钝；花瓣倒卵形或长椭圆形，紫红色或粉红色。蒴果狭圆锥形。花果期5~8月。

分布区域：主要分布于长坪沟、双桥沟、巴朗山山地河滩及砂地。

◆ 蓼科 Polygonaceae

143 中华山蓼 *Oxyria sinensis*

蓼科 山蓼属

特征简介：多年生草本。茎直立，通常数条，自根状茎发出。无基生叶，茎生叶片圆心形或肾形，近肉质，顶端圆钝，基部宽心形，边缘呈波状，具5条基出脉；托叶鞘膜质，筒状，松散，具数条纵脉。花序圆锥状，分枝密集；花梗细弱；花单性，雌雄异株，花被片4，果时内轮2片增大，狭倒卵形，紧贴果实，外轮2个。瘦果宽卵形，双凸镜状，两侧边缘具翅。花期4～5月，果期5～6月。

分布区域：主要分布于巴朗山、双桥沟、四姑娘山镇周边，生于山坡、山谷路旁。

144 珠芽蓼 *Bistorta vivipara*

蓼科 拳参属

特征简介：多年生草本。根状茎粗壮，弯曲，黑褐色。茎直立，不分枝，通常2～4条自根状茎发出。基生叶长圆形或卵状披针形，顶端尖或渐尖，基部圆形、近心形或楔形，两面无毛，边缘脉端增厚。茎生叶较小披针形，近无柄；托叶鞘筒状，膜质，下部绿色，上部褐色，偏斜，开裂。总状花序呈穗状，顶生，紧密，下部生珠芽；苞片卵形，膜质，每苞内具花1～2朵；花梗细弱；花被5深裂，白色或淡红色，花被片椭圆形。瘦果卵形，具3棱。花期5～7月，果期7～9月。

分布区域：主要分布于海子沟草甸。

145 圆穗蓼 *Bistorta macrophylla*

蓼科 拳参属

特征简介：多年生草本。根状茎弯曲。茎直立，不分枝。基生叶长圆形或披针形，顶端急尖，基部近心形，有时疏生柔毛；茎生叶较小狭披针形或线形；托叶鞘筒状，膜质，无缘毛。总状花序呈短穗状，顶生；花梗细弱；花被5深裂，淡红色或白色，花被片椭圆形。瘦果卵形，具3棱，黄褐色。花期7～8月，果期9～10月。

分布区域：广泛分布于巴朗山、长坪沟、双桥沟、海子沟山坡草地、高山草甸。

146　硬毛蓼 *Koenigia hookeri*

蓼科　冰岛蓼属

特征简介：多年生草本。根状茎粗壮，木质。茎不分枝，疏生长硬毛。叶长椭圆形或匙形，顶端圆钝，基部狭楔形，两面疏生长硬毛，茎生叶较小；托叶鞘筒状，膜质，密被长硬毛。花序圆锥状，顶生，分枝稀疏，花序轴具长硬毛；花单性，雌雄异株，雌花花被5深裂，深紫红色，边缘黄绿色；雄花雄蕊8，花药紫红色。瘦果宽卵形，具3棱，顶端尖。花期6~8月，果期8~9月。

分布区域：主要分布于巴朗山山坡草地、山谷灌木丛、山顶草甸。

147 鸡爪大黄 *Rheum tanguticum*

蓼科 大黄属

特征简介：高大草本。茎粗。茎生叶大型，叶片近圆形或及宽卵形，顶端窄长急尖，基部略呈心形，通常掌状 5 深裂，中间 3 个裂片多为三回羽状深裂，小裂片窄长披针形；茎生叶较小，叶柄亦较短，裂片多更狭窄；托叶鞘大型，外面具粗糙短毛。大型圆锥花序，花小，紫红色稀淡红色；花梗丝状，关节位于下部；花被片近椭圆形，内轮较大。果实矩圆状卵形到矩圆形。花期 6 月，果期 7～8 月。

分布区域：主要分布于双桥沟沟谷中。

◆ 石竹科 Caryophyllaceae

148 雪灵芝 *Eremogone brevipetala*

石竹科　老牛筋属

特征简介：多年生垫状草本。主根粗壮，木质化。茎下部密集枯叶，叶片针状线形，顶端渐尖，呈锋芒状，边缘狭膜质，内卷，基部较宽，膜质，抱茎，上面凹入，下面凸起；茎基部的叶较密集，上部 2～3 对。花 1～2 朵，生于枝端，花枝显然超出不育枝以上；苞片披针形，草质；花梗被腺柔毛，顶端弯垂；萼片 5，卵状披针形，顶端尖，基部较宽，边缘具白色，膜质，3 脉，中脉凸起，侧脉不甚明显；花瓣 5，卵形，白色。花期 6～8 月。

分布区域：主要分布于巴朗山高山草甸和碎石带。

149 须花齿缀草 *Odontostemma pogonanthum*

石竹科　齿缀草属

特征简介：多年生草本。根纺锤形或长圆锥形。茎丛生，直立或近直立，被有关节的长柔毛和黑色腺毛。叶片卵形或卵状披针形，顶端钝，基部楔形，下部的叶具短柄，上部的叶无柄，两面密被长柔毛。聚伞花序，具数花；苞片与叶同形而小；花梗密被腺柔毛；萼片卵形或披针形，顶端钝，边缘膜质，外面密被腺柔毛；花瓣白色，宽倒卵形，顶端细齿裂；雄蕊 10，稍长于萼片，花丝无毛，花药紫红色。花期 6～7 月。

分布区域：广泛分布于保护区内高山草甸中。

150 西南独缀草 *Shivparvatia forrestii*

石竹科 独缀草属

特征简介：多年生草本。茎丛生，无毛或一侧被极稀的白色柔毛。茎下部的叶鳞片状；茎上部的叶无毛，叶片革质，卵状长圆形或长圆状披针形，基部狭，边缘稍硬，具软骨质，顶端急尖，中脉凸起。花单生枝端；萼片5，长圆状披针形，基部狭，边缘狭膜质，顶端锐尖，呈黄色；花瓣5，白色或粉红色，倒卵状椭圆形，基部狭，呈楔形，顶端钝圆，有时稍平截或微凹。花期7～8月。

分布区域：主要分布于巴朗山高山草甸、沼泽草甸和倒石堆。

151 细叶孩儿参 *Pseudostellaria sylvatica*

石竹科 孩儿参属

特征简介：多年生草本。块根长卵形或短纺锤形，通常数个串生。茎直立，近4棱，被2列柔毛。叶无柄，叶片线状或披针状线形，顶端渐尖，基部渐狭，质薄，边缘近基部有缘毛，下面粉绿色，中脉明显。开花受精花单生茎顶或成二歧聚伞花序；花梗纤细；萼片披针形，绿色，顶端渐尖，边缘白色，膜质，外面被柔毛；花瓣白色，倒卵形，稍长于萼片，顶端浅2裂。蒴果卵圆形。花期4～5月，果期6～8月。

分布区域：主要分布于长坪沟、双桥沟、巴朗山林下。

152 瞿麦 *Dianthus superbus*

石竹科　石竹属

特征简介：多年生草本。茎丛生，直立，绿色，无毛。叶片线状披针形，顶端锐尖，中脉特显，基部合生呈鞘状，绿色，有时带粉绿色。花1或2朵生枝端，有时顶下腋生；苞片2~3对，倒卵形；花萼圆筒形，常染紫红色晕，萼齿披针形，包于萼筒内，瓣片宽倒卵形，边缘繸裂至中部或中部以上，通常淡红色或带紫色，稀白色，喉部具丝毛状鳞片。蒴果圆筒形。花期6~9月，果期8~10月。

分布区域：主要分布于双桥沟、四姑娘山镇周边山地疏林下、林缘、草甸、沟谷溪边。

◆ 绣球花科 Hydrangeaceae

153　粉红溲疏 *Deutzia rubens*

绣球花科　溲疏属

特征简介：灌木；老枝褐色，花枝具 4 枚叶，红褐色，被星状短柔毛。叶膜质，长圆形或卵状长圆形，先端急尖，基部阔楔形或近圆形，边缘具细锯齿；叶柄疏被 5～6 辐线星状毛。伞房状聚伞花序；花序梗和轴均无毛；花梗纤细疏被星状毛；萼筒杯状，裂片卵形，与萼筒等长或较短，紫色；花瓣粉红色，倒卵形，先端圆形，基部收狭，疏被星状毛。蒴果半球形。花期 5～6 月，果期 8～10 月。

分布区域：主要分布于长坪沟山坡灌木丛中。

154　球花溲疏 *Deutzia glomeruliflora*

绣球花科　溲疏属

　　特征简介：灌木；叶纸质，卵状披针形或披针形，先端渐尖或长渐尖，基部阔楔形，边缘具细锯齿；叶柄被星状毛。聚伞花序常紧缩而密聚，有花3～18朵；花蕾椭圆形；萼筒杯状，密被具中央长辐线星状毛，无皱纹，裂片膜质，披针形，先端尖，约与萼筒近等长，被毛较稀疏；花瓣白色，倒卵状椭圆形，外面被星状毛，花蕾时内向镊合状排列。蒴果半球形，褐色。花期4～6月，果期8～10月。

　　分布区域：主要分布于长坪沟灌木丛中。

◆ 凤仙花科 Balsaminaceae

155 川西凤仙花 *Impatiens apsotis*

凤仙花科   凤仙花属

特征简介：一年生草本。茎纤细。叶互生，具柄，卵形，顶端渐尖或稍尖，基部楔形或截形，边缘具粗齿。总花梗腋生；花小，白色，侧生萼片 2，线形，顶端尖，背面中肋具龙骨状突起；旗瓣绿色，舟状，直立，背面中肋具短而宽的翅；翼瓣具柄，基部裂片卵形，上部裂片长于基部裂片 3 倍，斧形，背面具肾状的小耳；唇瓣檐部舟状，向基部漏斗状，狭成内弯且与檐部等长的距。蒴果狭线形。花期 6～9 月。

分布区域：主要分布于长坪沟、双桥沟河谷、林缘潮湿地。

156　疏花凤仙花 *Impatiens laxiflora*

凤仙花科　凤仙花属

特征简介：一年生草本。茎直立。叶膜质，互生，卵状披针形或椭圆状披针形，顶端渐尖，基部楔形狭成长叶柄，叶柄基部有 2 个大腺体，边缘具粗圆齿。总花梗纤细；花梗基部卵状披针形的苞片；花小，淡粉色或白色，侧生萼片卵形或卵状钻形，具 3 脉，旗瓣圆形，基部每边有 1 黑色的微粒；翼瓣无柄，基部裂片圆形，上部裂片长圆状斧形；唇瓣舟状，基部具短直距。蒴果棒状。花期 8 月。

分布区域：主要分布于长坪沟沟边。

157 西固凤仙花 *Impatiens notolopha*

凤仙花科 凤仙花属

特征简介：一年生细弱草本。茎直立，自中部或中上部疏分枝，分枝对生或近对生。叶互生，宽卵形或卵状椭圆形，稀近圆形，顶端钝或近圆形。总花梗生于茎枝上部叶腋；苞片膜质。花小或极小，黄色；侧生萼片卵状长圆形或圆形，绿色；旗瓣近圆形，背面中肋具类叶绿色宽翅顶端圆形；翼瓣无柄，2 裂，基部裂片小，近圆形，上部裂片具柄，圆形或宽斧形，顶端稍尖；背部的小耳小，弯曲对生；唇瓣檐部小舟形，基部渐狭成细距。蒴果狭纺锤形。花期 7～8 月，果期 8～9 月。

分布区域：主要分布于长坪沟沟边。

158 四裂凤仙花 *Impatiens quadriloba*

凤仙花科 凤仙花属

特征简介：草本，全株无毛，茎粗壮，直立，下部无叶，疏分枝，枝及小枝肉质。叶互生，近无柄，线状长圆形或披针形，顶端渐尖，基部狭成极短的叶柄，边缘具细锯齿，齿端具小尖，上面深绿色，下面淡白色。花小，黄色或浅紫色；唇瓣锥状，基部狭成短直距；蒴果线形。花期 8～10 月。

分布区域：主要分布于长坪沟沟边。

◆ 报春花科 Primulaceae

159 石岩报春 *Primula dryadifolia*

报春花科 报春花属

特征简介：多年生草本。根状茎伸长，上部发出多数具叶的分枝，常形成垫状密丛。叶常绿，簇生枝端；叶片阔卵圆形至阔椭圆形或近圆形，下面密被黄粉或白粉；叶柄被短腺毛，下部扩大呈鞘状。花葶被短柔毛；苞片阔卵圆形至椭圆形，被短柔毛；花萼阔钟状，被短柔毛；花冠淡红色至深红色，冠筒口周围淡紫色或黄绿色，喉部具环状附属物。蒴果长卵圆形。花期 6～7 月，果期 7 月。

分布区域：主要分布于巴朗山高山草甸和岩石缝中。

160 车前叶报春 *Primula sinoplantaginea*

报春花科 报春花属

特征简介：多年生草本。叶丛基部由鳞片、叶柄包叠成假茎状，外围有越年枯叶；叶片披针形至狭披针形，先端锐尖，基部渐狭窄，边缘通常极狭外卷，近全缘或具不明显的小齿，干时厚纸质，下面被淡黄色薄粉或有时无粉；叶柄具膜质宽翅，鞘状互相包叠，通常与叶片近等长。花葶近顶端被淡黄色粉；伞形花序1轮，极少出现第2轮，每轮花5～12朵；花萼窄钟状，外面通常带黑色；花冠深紫色或紫蓝色。蒴果筒状。花期5～7月，果期8～9月。

分布区域：主要分布于巴朗山、海子沟高山草地。

161 钟花报春 *Primula sikkimensis*

报春花科 报春花属

特征简介：多年生草本。叶片椭圆形至矩圆形或倒披针形，基部通常渐狭窄。花葶稍粗壮，顶端被黄粉；伞形花序；苞片披针形或线状披针形先端渐尖，基部常稍膨大；花梗被黄粉，开花时下弯，果时直立；花萼钟状或狭钟状，具明显的 5 脉，内外两面均被黄粉；花冠黄色，稀为乳白色，干后常变为绿色，筒部稍长于花萼，喉部无环状附属物。蒴果。花期 6 月，果期 9~10 月。

分布区域：主要分布于双桥沟、巴朗山林缘湿地、沼泽草甸和水沟边。

162　尖齿紫晶报春 *Primula amethystina* subsp. *argutidens*

报春花科　报春花属

特征简介：多年生草本。叶椭圆状矩圆形或倒卵形，长 2～4 厘米，宽 1.0～1.5 厘米，先端钝或稍锐尖，基部楔形，下延，具极短的柄，边缘中部以上具稀疏牙齿。花葶高 5～13 厘米；伞形花序花 2～4 朵；苞片披针形，长 5～6 毫米；花梗长 1～5 毫米，极少更长；花萼钟状，长约 5 毫米，分裂近达中部，裂片卵形至卵状披针形；花冠紫蓝色，长 12～15 毫米，冠檐直径通常大于 1 厘米，裂片顶端凹缺通常深于 1 毫米，有时呈不规则的缺刻状。花期 6～7 月。

分布区域：主要分布于巴朗山高山草地。

163 雅江报春 *Primula involucrata* subsp. *yargongensis*

报春花科　报春花属

特征简介：多年生草本，全株无粉。根状茎短，具多数须根。叶丛基部无越年枯叶；叶片卵形、矩圆形或近圆形，先端钝或圆形，基部楔形、圆形或近心形，全缘或具不明显的稀疏小牙齿，鲜时带肉质，两面散布有小腺体，中肋宽扁，侧脉5～7对，纤细。伞形花序花2～6朵；苞片卵状披针形；花萼狭钟状；花冠蓝紫色或紫红色，冠筒长于花萼通常不足一倍，花期6～8月，果期8～9月。

分布区域：主要分布于巴朗山、双桥沟山坡湿草地、草甸和沼泽地。

164　苞芽粉报春 *Primula gemmifera*

报春花科　报春花属

特征简介：多年生草本。根状茎极短，具多数须根，常自顶端发出 1 至数个侧芽。叶矩圆形、卵形或阔匙形，先端钝或圆形；叶柄通常与叶片近等长，具狭翅。花葶稍粗壮，无粉或顶端被白粉；伞形花序顶生；苞片狭披针形至矩圆状披针形，基部稍膨大；花梗被粉质腺体；花萼狭钟状，绿色或染紫色，外面被粉质腺体；花冠淡红色至紫红色，极少白色。蒴果长圆形。花期 5～8 月，果期 8～9 月。

分布区域：主要分布于长坪沟、双桥沟湿草地、溪边和林缘。

165 靛蓝穗花报春 *Primula watsonii*

报春花科 报春花属

特征简介：多年生草本。叶狭矩圆形至倒
披针形，先端圆形或钝，基部渐狭窄，边缘具不
整齐的小钝齿，两面均被白色多细胞柔毛；叶
柄具狭翅。花葶无毛，近顶端被黄粉；花无梗，
反折向下，顶生短穗状花序；苞片线状披针形，
短于花萼；花萼阔钟状，基部被粉，裂片卵圆
形至披针形；花冠深蓝紫色，冠檐几乎与冠筒成一直线，裂片近方形，先端截形或微
具凹缺。花期 7 月，果期 8 月。

分布区域：主要分布于长坪沟山坡阴湿处和灌木丛边。

166 掌叶报春 *Primula palmata*

报春花科 报春花属

特征简介：多年生草本，具横卧的根状茎，并常自叶丛基部发出匍匐枝；匍枝纤细，节上生1叶，顶端着地生根。叶1～4枚丛生，轮廓近圆形，基部心形，边缘掌状5～7裂，深达叶片的3/4或更深，裂片再次3裂，上面深绿色，被多细胞柔毛，下面淡绿色，沿叶脉被多细胞柔毛；叶柄被褐色长柔毛，初时毛甚密，后渐稀疏。花葶纤细，疏被柔毛；伞形花序顶生，花1～4朵；花梗直立，疏被毛；花萼钟状，外面微被毛；花冠玫瑰红色或淡红色。花期5～6月。

分布区域：主要分布于双桥沟林下和山谷石缝中。

167 狭萼报春 *Primula stenocalyx*

报春花科 报春花属

特征简介：多年生草本，根状茎粗短，具多数须根。叶丛紧密或疏松，基部无鳞片，有少数枯叶柄。叶片倒卵形、倒披针形或匙形，先端圆形或钝，基部楔状下延，边缘全缘或具小圆齿或钝齿；叶柄通常甚短，具翅。花葶直立，顶端具小腺体或有时被粉；伞形花序；苞片狭披针形，基部稍膨大；花萼筒状，具5棱，分裂，裂片矩圆形或披针形；花冠紫红色或蓝紫色，裂片阔倒卵形，先端深2裂。蒴果长圆形。花期5~7月，果期8~9月。

分布区域：主要分布于海子沟、巴朗山草地、林下、沟边和河漫滩石缝中。

168 金川粉报春 *Primula fangii*

报春花科 报春花属

特征简介：多年生草本。叶丛基部无鳞片；叶片椭圆形至椭圆状倒披针形，先端钝圆，基部渐狭窄，边缘近全缘或具不明显的小圆齿；伞形花序；苞片披针形；花梗初被白粉，伸长后变为无粉；花萼钟状，外面多少被白粉，内面密被乳黄色粉，分裂深达全长的1/3或近达中部，裂片卵形至狭三角形；花冠玫瑰红色至淡紫红色，冠筒口周围黄色。蒴果筒状，顶端5浅裂。花期5～7月，果期7～8月。

分布区域：主要分布于长坪沟、四姑娘山镇周边山坡草地和灌木丛中。

169 腺毛小报春 *Primula walshii*

报春花科 报春花属

特征简介：多年生矮小草本，全株无粉。叶丛基部有多数越年枯叶；叶片倒披针形或矩圆状披针形，先端锐尖或钝；叶柄具翅。初花期花葶甚短，深藏于叶丛中，后渐伸长，顶生花1~4朵；苞片卵形至披针形；花萼筒状，外面被短腺毛，分裂达全长的1/3~1/2，裂片卵形至披针形；花冠粉红色或淡蓝紫色，冠筒口周围黄色或有时白色。喉部无环状附属物。蒴果筒状。花期6~7月，果期7~9月。

分布区域：主要分布于巴朗山高山草甸。

170 心愿报春 *Primula optata*

报春花科 报春花属

特征简介：多年生草本。叶丛基部具少数鳞片，但不包叠成假茎状；叶片倒披针形或矩圆状匙形，先端钝圆，基部渐狭窄，边缘具近于整齐的小钝齿。伞形花序1～2轮，每轮花4～8(10)朵；苞片自稍宽的基部渐尖成钻形；花梗多少被粉；花萼窄钟状，外面疏被小腺体或小腺毛，内面通常被粉，分裂深达中部或略超过中部，裂片矩圆状披针形；花冠蓝紫色。蒴果筒状。花期5～6月。

分布区域：主要分布于巴朗山高山湿草地、林缘和石缝中。

171　石莲叶点地梅 *Androsace integra*

报春花科　点地梅属

特征简介：二年生或多年生草本。主根粗壮，具少数支根。莲座状叶丛单生；叶近等长，匙形，先端近圆形，具骤尖头，初时两面被短伏毛，渐变为无毛，边缘软骨质，具篦齿状缘毛；花葶常 2 至多枚自叶丛中抽出，被柔毛；花梗长短不等。花萼钟状，密被短硬毛，分裂近中部，裂片三角形，先端锐尖，背面中肋稍隆起，边缘具密集纤毛；花冠紫红色，筒部与花萼近等长，裂片倒卵形或倒卵状圆形；蒴果长圆形。花期 4～6 月，果期 6～7 月。

分布区域：主要分布于双桥沟、四姑娘山镇周边山坡，疏林下和林缘砂石地上。

172 玉门点地梅 *Androsace brachystegia*

报春花科 点地梅属

特征简介：多年生草本。植株由着生于根出条上的莲座状叶丛形成疏丛。根出条枣红色。莲座状叶丛；叶呈不明显的两型，自外层向内层渐增长，外层叶狭舌形；内层叶狭椭圆形至倒披针状椭圆形。花葶单一，稍纤细，被稀疏硬毛和短柄腺体；伞形花序，花 1~3 朵；苞片卵形至卵状长圆形；花梗被疏柔毛和短柄腺体；花萼杯状；花冠白色或粉红色，裂片倒卵形。蒴果近球形。花期 6 月。

分布区域：主要分布于巴朗山阴坡或半阴坡草地。

173 直立点地梅 *Androsace erecta*

报春花科　点地梅属

特征简介：一年生或二年生草本。主根细长，具少数支根。茎通常单生，直立，被稀疏或密集的多细胞柔毛。叶在茎基部多少簇生，通常早枯；茎叶互生，椭圆形至卵状椭圆形，先端锐尖或稍钝，基部短渐狭，边缘增厚；叶柄极短，被长柔毛。伞形花序生于无叶的枝端，偶有单生于茎上部叶腋的；苞片卵形至卵状披针形，叶状；花萼钟状，先端具小尖头；花冠白色或粉红色，长圆形，微伸出花萼。蒴果长圆形。花期4～6月；果期7～8月。

分布区域：主要分布于双桥沟、四姑娘山镇周边山坡草地及河漫滩上。

174 独花报春 *Omphalogramma vinciflorum*

报春花科 独花报春属

特征简介：多年生草本，根状茎粗短，具多数长根。叶丛基部呈鳞茎状；鳞片阔卵圆形至矩圆形，黄褐色。叶与花葶同时自根茎抽出，叶片倒披针形至矩圆形或倒卵形，先端钝圆，基部通常渐狭，有时近圆形或浅心形，全缘或具极不明显的小圆齿，两面均被多细胞柔毛，中肋稍宽，侧脉纤细；叶柄具翅。花葶近顶端密被褐色柔毛，下部毛被较疏；花萼外面被褐色柔毛，裂片披针形至线状披针形；花冠深紫蓝色，高脚碟状，冠筒管状，外面被褐色腺毛。花期5～6月。

分布区域：主要分布于巴朗山高山草地和灌木丛中。

◆ 杜鹃花科 Ericaceae

175 短梗岩须 *Cassiope abbreviata*

杜鹃花科 岩须属

特征简介：常绿矮小灌木；枝纤细，密集，多次分枝，外倾或直立，小枝密生四行覆瓦状排列的叶。叶近卵形，鳞片状，钝头，有干膜质尖头，具干膜质边，背面隆起，无毛，有光泽，具1纵沟槽，长约为叶长的一半，远离叶端，沟槽宽。花单朵，腋生；花梗密生蛛丝状柔毛，顶部下弯，花下垂；花5，萼片近卵形，紫红色，具狭膜质边；花冠钟形，白色或粉红色，果未见。花期5～7月。

分布区域：广泛分布于保护区。

176　独丽花 *Moneses uniflora*

杜鹃花科　独丽花属

特征简介：常绿草本状矮小半灌木；根茎细，线状，横生，有分枝，生不定根及地上茎。叶对生或近轮生于茎基部，薄革质，圆卵形或近圆形，宽几与长相等，先端圆钝，基部近圆形或宽楔形并稍下延于叶柄，边缘有锯齿，上面绿色，下面淡绿色。花葶有狭翅，有1～2枚鳞片状叶。花单生于花葶顶端；花萼5全裂；花瓣5，水平张开，花冠碟状，半下垂，白色，芳香。蒴果近球形。花期7～8月，果期8月。

分布区域：主要分布于双桥沟林下。

177　汶川褐毛杜鹃 *Rhododendron wasonii* var. *wenchuanense*

杜鹃花科　杜鹃花属

特征简介：常绿灌木；叶厚革质，卵状披针形至卵形或卵状椭圆形，先端急尖，具硬尖头，基部宽楔形或近于圆形，边缘稍反卷，上面深绿色，光亮，叶片下面被薄层暗棕色至金棕色紧密近于黏结的毛被；叶柄粗，上面具纵沟，多少被毛。顶生短伞房状总状花序，有花6~8朵；花梗近直立，疏被丛卷毛；花萼小，杯状；花较小，花冠漏斗状钟形，粉红色至白色。蒴果圆柱形。花期5~6月，果期7~9月。

分布区域：主要分布于巴朗山高山林中。

178 雪层杜鹃 *Rhododendron nivale*

杜鹃花科 杜鹃花属

特征简介：常绿小灌木，分枝多而稠密。幼枝褐色，密被黑锈色鳞片。叶簇生于小枝顶端或散生，革质，椭圆形、卵形或近圆形，顶端钝或圆形，常无短尖头；叶柄短，被鳞片。花序顶生，有1～3朵；花梗被鳞片，偶有毛；花萼发达，裂片长圆形或带状，外面通常被一中央鳞片带；花冠宽漏斗状，粉红色、丁香紫至鲜紫色，花管较裂片短1～2倍，内面被柔毛，外面也常被毛，裂片开展，雄蕊约与花冠等长，花丝近基部被毛；花柱通常长于雄蕊，偶较短。蒴果圆形至卵圆形。花期5～8月，果期8～9月。

分布区域：主要分布于巴朗山、双桥沟山坡灌木丛、草地、高山草甸、林下。

179 樱草杜鹃 *Rhododendron primuliflorum*

杜鹃花科 杜鹃花属

特征简介：常绿小灌木。茎灰棕色，表皮常薄片状脱落，幼枝短而细，灰褐色，密被鳞片和短刚毛；叶芽鳞早落。叶革质，芳香，长圆形、长圆状椭圆形至卵状长圆形，先端钝，有小突尖；叶柄密被鳞片。花序顶生，头状；花梗被鳞片；无毛；花萼外面疏被鳞片，裂片长圆形、披针形至长圆状卵形；花冠狭筒状漏斗形，白色具黄色的管部，花管内面喉部被长柔毛。蒴果卵状椭圆形。花期5~6月，果期7~9月。

分布区域：主要分布于巴朗山山坡灌木丛、高山草甸、岩坡或沼泽草甸。

180 亮叶杜鹃 *Rhododendron vernicosum*

杜鹃花科　杜鹃花属

特征简介：常绿灌木或小乔木；树皮灰色至灰褐色；幼枝淡绿色，有时有少数腺体，后即秃净，老枝灰褐色。叶革质，长圆状卵形至长圆状椭圆形，先端钝至宽圆形，基部宽或近圆形，上面深绿色，微被蜡质，无毛，下面灰绿色，中脉在上面稍凹下，下面凸起；叶柄圆柱形，淡黄绿色，无毛。顶生总状伞形花序，有花 6～10朵；花梗紫红色；花萼小，淡绿或紫红色；花冠宽漏斗状钟形，淡红色至白色，无毛，内面有或无深红色小斑点，裂片 7（5 或 6），近于圆形。蒴果长圆柱形，斜生于果梗上，微弯曲。花期 4～6 月，果期 8～10 月。

分布区域：主要分布于海子沟、双桥沟路边、林中。

181 秀雅杜鹃 *Rhododendron concinnum*

杜鹃花科　杜鹃花属

特征简介：灌木。幼枝被鳞片。叶长圆形、椭圆形、卵形、长圆状披针形或卵状披针形，顶端锐尖、钝尖或短渐尖，明显有短尖头，基部钝圆形或宽楔形，上面或多或少被鳞片，有时沿中脉被微柔毛，下面粉绿色或褐色，密被鳞片；叶柄密被鳞片。花序顶生或同时枝顶腋生，花 2～5 朵，伞形着生；花梗密被鳞片；花萼小，5 裂；花冠宽漏斗状，略两侧对称，紫红色、淡紫色或深紫色，内面有或无褐红色斑点，外面或多或少被鳞片或无鳞片，无毛或至基部疏被短柔毛。蒴果长圆形。花期 4～6 月，果期 9～10 月。

分布区域：主要分布于海子沟山坡灌木丛、林缘。

182 雪山杜鹃 *Rhododendron aganniphum*

杜鹃花科 杜鹃花属

特征简介：常绿灌木；幼枝无毛。叶厚革质，长圆形或椭圆状长圆形，有时卵状披针形，先端钝或急尖，具硬小尖头，基部圆形或近于心形，边缘反卷，上面深绿色，无毛，微有皱纹，中脉凹入，侧脉 11～12 对，微凹，下面密被一层永存的毛被，毛被白色至淡黄白色，海绵状，具表膜，中脉凸起，被毛；叶柄无毛。顶生短总状伞形花序，有花 10～20 朵；花梗无毛；花萼小，杯状；花冠漏斗状钟形，白色或淡粉红色，筒部上方具多数紫红色斑点，内面基部被微柔毛，裂片 5，圆形，稍不相等，顶端微缺。蒴果圆柱形。花期 6～7 月，果期 9～10 月。

分布区域：主要分布于长坪沟、双桥沟、巴朗山灌木丛中或针叶林下。

183　栎叶杜鹃 *Rhododendron phaeochrysum*

杜鹃花科　杜鹃花属

特征简介：常绿灌木；幼枝疏被白色丛卷毛，后变无毛。叶革质，长圆形、长圆状椭圆形或卵状长圆形，先端钝或急尖，具小尖头，基部近于圆形或心形，上面深绿色，微皱，无毛，下面密被薄层黄棕色至金棕色多少黏结的毡毛状毛被，中脉凸起，侧脉不显；叶柄疏被灰白色丛卷毛，后变无毛。顶生总状伞形花序，有花 8～15 朵；花梗疏被丛卷毛或无毛；花萼小，杯状；花冠漏斗状钟形，白色或淡粉红色，筒部上方

具紫红色斑点，内面基部被白色微柔毛，裂片 5，扁圆形。蒴果长圆柱形，直立，顶部微弯。花期 5～6 月，果期 9～10 月。

分布区域：主要分布于长坪沟、双桥沟、巴朗山灌木丛中或林下。

184　松下兰 *Hypopitys monotropa*

杜鹃花科　松下兰属

特征简介：多年生草本，腐生，全株无叶绿素，白色或淡黄色，肉质，干后变黑褐色。根细而分枝密。叶鳞片状，直立，互生，上部较稀疏，下部较紧密，卵状长圆形或卵状披针形。总状花序；花初下垂，后渐直立，花冠筒状钟形；苞片卵状长圆形或卵状披针形；萼片长圆状卵形，先端急尖，早落；花瓣4～5，长圆形或倒卵状长圆形，先端钝，上部有不整齐的锯齿，早落。蒴果椭圆状球形。花期6～8月；果期7～9月。

分布区域：主要分布于长坪沟、海子沟、四姑娘山镇周边山地阔叶林或针阔叶混交林下。

185 珍珠鹿蹄草 *Pyrola sororia*

杜鹃花科　鹿蹄草属

特征简介：常绿草本状小半灌木；叶 6~8 基生，薄革质，粗糙，近圆形，有时宽椭圆形或圆卵形，先端圆钝，基部圆形或近圆形，上面绿色，下面淡绿色。花葶有 1~3 枚褐色鳞片状叶，卵状披针形，先端短渐尖，基部稍抱花葶。总状花序有花 8~11 朵，花倾斜，稍下垂，花冠碗形，白色或带黄绿色；萼片宽三角形或卵状三角形；花瓣宽卵形或近圆形，基部渐狭，先端圆形。蒴果扁球形。花期 7~8 月，果期 8~9 月。

分布区域：主要分布于双桥沟林下或灌木丛内。

◆ 龙胆科 Gentianaceae

186 镰萼喉毛花 Comastoma falcatum

龙胆科 喉毛花属

特征简介：一年生草本。茎基部分枝。叶多基生，叶片矩圆状匙形或矩圆形，基部渐狭成柄；茎生叶无柄，矩圆形，稀为卵形或矩圆状卵形。花5数，单生分枝顶端；花梗常紫色，四棱形；花萼绿色或有时带蓝紫色，深裂近基部，裂片常为卵状披针形；花冠蓝色、深蓝色或蓝紫色，有深色脉纹，高脚杯状，喉部突然膨大，喉部具一圈白色副冠。蒴果狭椭圆形或披针形。花果期7～9月。

分布区域：主要分布于双桥沟、巴朗山山坡草地、林下、灌木丛、高山草甸。

187 阿墩子龙胆 *Gentiana atuntsiensis*

龙胆科　龙胆属

特征简介：多年生草本。枝丛生，花枝 1 个。叶多基生，狭椭圆形或倒披针形，基部渐狭，叶脉 1～3 条，叶柄膜质；茎生叶 3～4 对，匙形或倒披针形，先端钝圆。花顶生和腋生，聚成头状或在花枝上部三歧分枝，从叶腋内抽出总花梗，无小花梗；花萼倒锥状筒形或筒形，花冠深蓝色，有时具蓝色斑点，无条纹，漏斗形，裂片卵形。蒴果内藏，椭圆状披针形。花果期 6～11 月。

分布区域：主要分布于巴朗山于林下、灌木丛中、高山草甸。

188 单花龙胆 *Gentiana subuniflora*

龙胆科 龙胆属

特征简介：一年生草本。茎紫红色，近光滑，在基部多分枝，枝不再分枝，斜升，铺散。基生叶大，在花期枯萎，宿存，卵形或倒卵状匙形，先端急尖或钝圆，具小尖头，边缘软骨质及叶两面均密生细乳突，中脉在下面突起，叶柄宽；茎生叶密集、覆瓦状排列，或疏离、短于节间，下部叶倒卵状匙形，中、上部叶卵形，下部叶边缘软骨质，密生细乳突，中、上部叶边缘膜质，宽，光滑，近啮蚀形，两面密生细乳突，叶柄密生乳突。花数朵，单生于小枝顶端；花梗紫红色，近光滑；花萼筒状钟形；花冠淡蓝色，外面具深绿色宽条纹，筒状漏斗形。蒴果内藏，狭矩圆形。花果期4～7月。

分布区域：主要分布于巴朗山山坡、山麓。

189 粗茎秦艽 *Gentiana crassicaulis*

龙胆科　龙胆属

特征简介：多年生草本。枝黄绿色或带紫红色，近圆形。莲座丛叶卵状椭圆形或狭椭圆形，基部渐尖，叶柄包被于枯存的纤维状叶鞘中；茎生叶卵状椭圆形至卵状披针形，基部钝，愈向茎上部叶愈大，柄愈短，至最上部叶密集呈苞叶状包被花序。花在茎顶簇生呈头状；花萼筒膜质，一侧开裂呈佛焰苞状；花冠筒部黄白色，冠檐蓝紫色或深蓝色，内面有斑点。蒴果内藏，椭圆形。花果期6～10月。

分布区域：主要分布于双桥沟山坡草地、山坡路旁、高山草甸、灌木丛中、林下及林缘。

190 肾叶龙胆 *Gentiana crassuloides*

龙胆科 龙胆属

特征简介：一年生草本。茎常带紫红色。叶基部心形或圆形，突然收缩成柄；基生叶大，在花期枯萎，宿存；茎生叶近直立，疏离，中、下部者卵状三角形，先端急尖至圆形，上部者肾形或宽圆形，先端圆形至截形。花单生于小枝顶端；花萼宽筒形或倒锥状筒形；花冠上部蓝色或蓝紫色，下部黄绿色，高脚杯状，冠筒细筒形，冠檐突然膨大，裂片卵形。蒴果矩圆形或倒卵状矩圆形。花果期6～9月。

分布区域：广泛分布于保护区内，生于山坡草地、沼泽草地、灌木丛、林下、山顶草地、河边及水沟边。

191 深红龙胆 *Gentiana rubicunda*

龙胆科　龙胆属

特征简介：一年生草本。茎直立，紫红色或草黄色，光滑。叶先端钝或钝圆，基部钝，边缘具乳突；基生叶卵形或卵状椭圆形；茎生叶疏离，常短于节间，卵状椭圆形、矩圆形或倒卵形。花数朵，单生于小枝顶端；花梗紫红色或草黄色，光滑；花萼倒锥形，裂片丝状或钻形；花冠紫红色，有时冠筒上具黑紫色短而细的条纹和斑点，倒锥形，裂片卵形，先端钝。蒴果外露，矩圆形。花果期3～10月。

分布区域：主要分布于巴朗山溪边、山坡草地、林下、岩边及山沟。

192　圆萼龙胆 *Gentiana suborbisepala*

龙胆科　龙胆属

特征简介：一年生草本。根系发达，须状。茎直立或铺散，紫红色或有时黄绿色，具乳突，多分枝。叶疏离，叶片匙形或倒卵形。花多数，以 1～3 朵着生于小枝顶端和叶腋；无花梗；花萼筒倒锥状筒形或宽筒形；花冠淡黄色或淡蓝色，常具蓝灰色斑点，稀无斑点，筒形，裂片卵形，先端钝，全缘，褶整齐。蒴果内藏或部分外露，狭矩圆形，先端急尖，基部钝，柄细。花果期 8～11 月。

分布区域：主要分布于海子沟山坡草地、高山草甸、灌木丛中。

193 鳞叶龙胆 *Gentiana squarrosa*

龙胆科　龙胆属

特征简介：一年生草本。茎黄绿色或紫红色，密被黄绿色有时夹杂有紫色乳突，自基部起多分枝，枝铺散，斜升。叶先端钝圆或急尖，具短小尖头，基部渐狭，边缘厚软骨质，密生细乳突，两面光滑，中脉白色软骨质，在下面突起，密生细乳突，叶柄白色膜质，边缘具短睫毛；基生叶大，在花期枯萎，宿存，卵形、卵圆形或卵状椭圆形；茎生叶小，外翻，密集或疏离，倒卵状匙形或匙形。花多数，单生于小枝顶端；花梗黄绿色或紫红色；花萼倒锥状筒形；花冠蓝色，筒状漏斗形，裂片卵状三角形。蒴果外露，倒卵状矩圆形。花果期 4～9 月。

分布区域：主要分布于长坪沟、双桥沟、海子沟、巴朗山山坡、山谷、灌木丛中及高山草甸。

194 弯茎龙胆 *Gentiana flexicaulis*

龙胆科 龙胆属

特征简介：一年生草本。茎黄绿色，光滑或具细乳突，在基部多分枝，似丛生，上部再作2～3次二歧分枝，枝近等长，铺散。基生叶甚大，在花期不枯萎，卵状椭圆形或卵圆形，先端钝圆，有外翻的短小尖头，两面光滑，叶脉3～5条，叶柄扁平；茎生叶小，2～3对，稀1或4～5对，圆匙形或匙形，愈向茎上部叶愈小，先端钝圆，具外翻的短小尖头，边缘无明显的软骨质也无膜质，密生细乳突。花数朵，单生于小枝顶端；花梗黄绿色；花萼倒锥状筒形；花冠上部亮蓝色，下部黄白色，漏斗形。蒴果外露，稀内藏，矩圆形。花果期5～9月。

分布区域：主要分布于长坪沟、双桥沟、巴朗山、海子沟草地、沟谷及山坡。

195 湿生扁蕾 *Gentianopsis paludosa*

龙胆科 扁蕾属

特征简介：一年生草本。茎单生，直立或斜升，近圆形，在基部分枝或不分枝。基生叶匙形，先端圆形，边缘具乳突，基部狭缩成柄，叶脉1~3条，不甚明显，叶柄扁平；茎生叶1~4对，无柄，矩圆形或椭圆状披针形，先端钝。花单生茎及分枝顶端；花萼筒形，裂片近等长，外对狭三角形，内对卵形；花冠蓝色，或下部黄白色，上部蓝色，宽筒形，裂片宽矩圆形，先端圆形。蒴果具长柄，椭圆形。花果期7~10月。

分布区域：广泛分布于保护区内，生于河滩、山坡草地、林下。

196　川西獐牙菜　*Swertia mussotii*

龙胆科　獐牙菜属

　　特征简介：一年生草本。茎直立，四棱形，棱上有窄翅，从基部起作塔形或帚状分枝，枝斜展。叶无柄，卵状披针形至狭披针形，先端钝，基部略呈心形，半抱茎，下面中脉明显突起。圆锥状复聚伞花序多花，占据了整个植株；花4数；花萼绿色，裂片线状披针形或披针形；花冠暗紫红色，裂片披针形，先端渐尖，具尖头，基部具2个腺窝，边缘具柔毛状流苏。蒴果矩圆状披针形。花果期7～10月。

　　分布区域：主要分布于四姑娘山镇周边山坡、河谷、林下、灌木丛中。

197 椭圆叶花锚 *Halenia elliptica*

龙胆科 花锚属

特征简介：一年生草本。茎直立，无毛、四棱形。基生叶椭圆形，有时略呈圆形，基部渐狭呈宽楔形，全缘，具宽扁的柄，叶脉3条；茎生叶卵形、椭圆形、长椭圆形或卵状披针形，基部圆形或宽楔形，全缘，叶脉5条，抱茎。聚伞花序腋生和顶生；花4数；花萼裂片椭圆形或卵形；花冠蓝色或紫色，裂片卵圆形或椭圆形，先端具小尖头，距向外水平开展。蒴果宽卵形。花果期7～9月。

分布区域：广泛分布于保护区内，生于高山林下及林缘、山坡草地、灌木丛中、山谷水沟边。

◆ 夹竹桃科 Apocynaceae

198　大理白前 *Vincetoxicum forrestii*

夹竹桃科　白前属

特征简介：多年生直立草本，单茎，稀在近基部分枝，被有单列柔毛，上部密被柔毛。叶对生，薄纸质，宽卵形，基部近心形或钝形，顶端急尖，近无毛或在脉上有微毛；侧脉 5 对。伞形状聚伞花序腋生或近顶生，着花 10 余朵；花萼裂片披针形，先端急尖；花冠黄色、辐状，裂片卵状长圆形，有缘毛，其基部有柔毛；副花冠肉质，裂片三角形，与合蕊柱等长。蓇葖多数单生，稀双生，披针形。花期 4～7 月，果期 6～11 月。

分布区域：主要分布于双桥沟、四姑娘山镇周边山地、灌木林缘、草地或路边草地上。

◆ 紫草科 Boraginaceae

199 卵叶微孔草 *Microula ovalifolia*

紫草科 微孔草属

特征简介：茎直立或近直立，常自基部分枝，密或疏被短糙毛。基生叶及茎下部叶有稍长柄，狭椭圆形、椭圆形或匙形，茎中部以上叶具短柄或无柄，狭椭圆形或卵形，两面密或疏被短糙伏毛。顶生花序常多少伸长似穗状花序，有较稀疏的花，腋生花序有少数花；花萼 5 裂，裂片狭三角形；花冠蓝色无毛，5 裂，裂片圆倒卵形，筒无毛，附属物梯形或低梯形。小坚果卵形。花期 7～9 月。

分布区域：主要分布于巴朗山、双桥沟高山草地或灌木丛下。

200 微孔草 *Microula sikkimensis*

紫草科 微孔草属

特征简介：茎直立或渐升，被刚毛。基生叶和茎下部叶具长柄，卵形、狭卵形至宽披针形，基部圆形或宽楔形，中部以上叶渐变小，狭卵形或宽披针形，基部渐狭，边缘全缘。花序生茎顶端及无叶的分枝顶端；花梗短，密被短糙伏毛；花萼5裂近基部，裂片线形或狭三角形；花冠蓝色或蓝紫色，无毛，裂片近圆形，筒部无毛，附属物低梯形或半月形。小坚果卵形。花期5~9月。

分布区域：主要分布于双桥沟、海子沟山坡草地、灌木丛下、林边。

◆ 茄科 Solanaceae

201 茄参 *Mandragora caulescens*

茄科 茄参属

特征简介：多年生草本。全体生短柔毛。茎上部常分枝，分枝有时较细长。叶在茎上端不分枝时则簇集，分枝时则在茎上者较小而在枝条上者宽大，倒卵状矩圆形至矩圆状披针形，基部渐狭而下延到叶柄成狭翼状。花单独腋生，通常多花同叶集生于茎端似簇生；花梗粗壮。花萼辐状钟形，5 中裂，裂片卵状三角形；花冠辐状钟形，暗紫色，5 中裂，裂片卵状三角形。浆果球状。花果期 5～8 月。

分布区域：主要分布于双桥沟、长坪沟山坡草地。

◆ 苦苣苔科 Gesneriaceae

202 羽裂金盏苣苔 *Oreocharis primuliflora*

苦苣苔科　马铃苣苔属

特征简介：多年生草本。根状茎粗，具柄。叶片菱状狭椭圆形，顶端锐尖，基部楔形，边缘羽状浅裂，裂片短，被灰白色短柔毛和长柔毛，下面蜂窝状，除主脉和侧脉密被锈色长绒毛外，其余部分被灰白色短柔毛，侧脉每边5~6条，下面稍隆起。叶柄被锈色长绒毛。聚伞花序伞状，

有时2次分枝，1~5条，每花序具花3~10朵。花萼裂片长圆状披针形，花冠高脚碟状，淡紫色，外面被腺状短柔毛，内面疏被短柔毛。蒴果长圆状披针形。花期7月。

分布区域：主要分布于双桥沟阴湿岩石上。

◆ 车前科 Plantaginaceae

203　丝梗婆婆纳 *Veronica filipes*

车前科　婆婆纳属

特征简介：茎多支丛生，上升，下部常紫色。下部叶鳞片状，正常叶卵形至圆形，顶端圆钝至急尖，基部楔状渐狭成短柄，下部叶全缘或具圆齿，上部叶边缘具钝齿或尖齿。总状花序多支，侧生叶腋；苞片倒卵状披针形至宽条形；花萼裂片 4 或 5 枚，若 5 枚，则后方 1 枚渺小，其余 4 枚宽条形至条状椭圆形；花冠蓝色或淡紫色，筒部短，因而花冠呈辐状。蒴果短，矩圆形或卵圆形。花期 6～8 月。

分布区域：主要分布于巴朗山高山多石或多砂山坡。

204　长果婆婆纳 *Veronica ciliata*

车前科　婆婆纳属

特征简介：茎丛生，上升，有两列或几乎遍布灰白色细柔毛。叶无柄或下部的有极短的柄，叶片卵形至卵状披针形，两端急尖，全缘或中段有尖锯齿或整个边缘具尖锯齿，两面被柔毛或几乎变无毛。总状花序1～4支，侧生于茎顶端叶腋，短而花密集，除花冠外各部分被多细胞长柔毛或长硬毛；花萼裂片条状披针形，果期稍伸长；花冠蓝色或蓝紫色。种子矩圆状卵形。花期6～8月。

分布区域：主要分布于巴朗山、四姑娘山镇周边高山草地。

205 鞭打绣球 *Hemiphragma heterophyllum*

车前科　鞭打绣球属

特征简介：铺散匍匐草本。茎纤细，多分枝，节上生根；叶二型；主茎上的叶对生，叶柄短，叶片圆形，心形至肾形，顶端钝或渐尖，基部截形，微心形或宽楔形；分枝上的叶簇生，稠密，针形。花单生于叶腋，近于无梗；花萼裂片 5，近于相等，

三角状狭披针形；花冠白色至玫瑰色，辐射对称，花冠裂片 5，圆形至矩圆形，近于相等。果实卵球形，红色。花期 4～6 月，果期 6～8 月。

分布区域：主要分布于海子沟、双桥沟、巴朗山高山草地或石缝中。

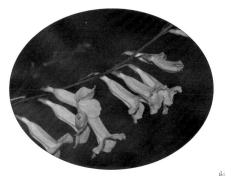

◆ 紫葳科 Bignoniaceae

206 两头毛 *Incarvillea arguta*

紫葳科　角蒿属

特征简介：多年生草本。茎分枝；一回羽状复叶互生，不聚生茎基部；小叶 5～11 枚，卵状披针形，先端长渐尖，基部宽楔形，两侧不等，具锯齿，上面疏被微硬毛，下面淡绿色，无毛；顶生总状花序，有花 6～20 朵；苞片钻形，小苞片 2；花萼钟状，萼齿 5，钻形，基部近三角形；花冠淡红、紫红或粉红色，钟状长漏斗形，花冠筒基部呈细筒，裂片半圆形；蒴果线状圆柱形。花期 3～7 月，果期 9～12 月。

分布区域：主要分布于四姑娘山镇周边、双桥沟河谷、山坡灌木丛中。

◆ 狸藻科 Lentibulariaceae

207　高山捕虫堇 *Pinguicula alpina*

狸藻科　捕虫堇属

特征简介：多年生草本植物。叶基生呈莲座状；叶片长椭圆形，边缘全缘并内卷，基部宽楔形，下延成短柄，上面密生多数分泌黏液的腺毛。花单生。花萼2深裂，无毛；花冠白色，距淡黄色；上唇2裂达中部，裂片宽卵形至近圆形，下唇3深裂，中裂片较大，圆形或宽倒卵形；筒漏斗状，外面无毛，内面具白色短柔毛；距圆柱状，顶端圆形。蒴果卵球形至椭圆球形。花期5～7月，果期7～9月。

分布区域：主要分布于长坪沟、双桥沟、海子沟和巴朗山阴湿岩壁间或灌木丛下。

◆ 唇形科 Lamiaceae

208　白苞筋骨草 *Ajuga lupulina*

唇形科　筋骨草属

特征简介：多年生草本。茎粗壮，直立，四棱形。叶柄具狭翅，基部抱茎；叶片纸质，披针状长圆形，边缘具缘毛。穗状聚伞花序；苞叶大，向上渐小，白黄色、白色或绿紫色，卵形或阔卵形，先端渐尖，基部圆形，抱轴；花萼钟状或略呈漏斗状，基部前方略膨大。花冠白色、白绿色或白黄色，具紫色斑纹，狭漏斗状，外面被疏长柔毛。小坚果倒卵状或倒卵长圆状三棱形。花期7～9月，果期8～10月。

分布区域：主要分布于巴朗山、海子山高山草地或陡坡石缝中。

209 绵参 *Eriophyton wallichii*

唇形科　绵参属

特征简介：多年生草本；茎直立，不分枝，钝四棱形。叶变异很大，茎下部叶细小，苞片状，通常无色，无毛，茎上部叶大，两两交互对生，菱形或圆形。轮伞花序；小苞片刺状，密被绵毛；花萼宽钟形，隐藏于叶丛中，膜质，外面密被绵毛。花冠淡紫色至粉红色，冠檐二唇形，上唇宽大，盔状扁合，向下弯曲，覆盖下唇，外面密被绵毛，下唇小。小坚果黄褐色。花期7～9月，果期9～10月。

分布区域：主要分布于巴朗山流石滩乱石堆中。

210 穗花荆芥 *Nepeta laevigata*

唇形科　荆芥属

特征简介：草本。茎钝四棱形。叶卵圆形或三角状心形，先端锐尖，稀钝形，基部心形或近截形，具圆齿状锯齿；叶柄扁平，具狭翅。穗状花序顶生，密集成圆筒状；花萼管状，齿芒状狭披针形，边缘密生具节的白色长柔毛。花冠蓝紫色，无毛，冠檐二唇形，上唇深 2 裂，裂片圆状卵形，下唇 3 裂，中裂片扁圆形，侧裂片为浅圆裂片状。小坚果卵形。花期 7～8 月，果期 9～11 月。

分布区域：主要分布于长坪沟林缘、林中草地、灌木丛草坡上。

211 康藏荆芥 *Nepeta prattii*

唇形科　荆芥属

特征简介：多年生草本。茎四棱形，具细条纹。叶卵状披针形、宽披针形至披针形，向上渐变小，先端急尖，基部浅心形，边缘具密的牙齿状锯齿，上面橄榄绿色，微被短柔毛，下面淡绿色；轮伞花序生于茎、枝上部3～9节上、下部的远离，顶部的3～6密集呈穗状，多花而紧密；花萼疏被短柔毛及白色小腺点，上唇3齿宽披针形或披针状长三角形，下唇2齿狭披针形。花冠紫色或蓝色。小坚果倒卵状长圆形。花期7～10月，果期8～11月。

分布区域：主要分布于长坪沟山坡草地。

212 美观糙苏 *Phlomoides ornata*

唇形科 糙苏属

特征简介：多年生草本；茎多数，
常丛生于木质根茎上，基部常具宿存的
叶鞘，不分枝，直立或上升，四棱形。茎
生叶宽卵圆形，先端急尖或渐尖，基部深
心形，边缘在基部常为整齐的牙齿状；
苞叶卵圆形或卵圆状披针形，边缘为锯齿
状。轮伞花序；苞片钻形。花萼管状，带紫色。花冠暗紫色，外面在背部被白色或带
紫色短绒毛，冠檐二唇形。小坚果无毛。花期6～9月，果期7～11月。

分布区域：主要分布于长坪沟林下或草地上。

213 宝兴糙苏 *Phlomoides paohsingensis*

唇形科 糙苏属

特征简介: 多年生草本。茎四棱形。茎生叶心形至阔卵圆形, 先端急尖或尾状渐尖, 基部心形或圆形, 边缘靠近基部牙齿状, 基部以上为深圆齿状或牙齿状, 苞叶卵状长圆形至披针形, 先端尾状渐尖至长渐尖, 基部阔楔形至楔形。轮伞花序多花, 生于主茎及侧枝顶部; 苞片钻形, 直伸或斜向下。花萼管状, 外面脉上被具节刚毛, 其余部分被尘状微柔毛, 齿半圆形。花冠浅紫色。小坚果无毛。花期 7 月。

分布区域: 主要分布于长坪沟山坡灌木丛中。

214 犬形鼠尾草 *Salvia cynica*

唇形科　鼠尾草属

特征简介：多年生草本。茎钝四棱形。基出叶未见。茎生叶片宽卵圆形或戟状宽卵圆形或近圆形，先端渐尖，基部心状戟形，边缘具重齿；叶柄基部多少宽大。轮伞花序疏离，组成总状圆锥花序；苞片披针形，先端渐尖；花萼筒形，外被疏柔毛。花冠黄色，外面近无毛，内面在冠筒中部稍下方有小疏柔毛毛环，冠檐二唇形，上唇长圆形，下唇与上唇近等长，平展，3裂。小坚果圆形。花期7~8月。

分布区域：主要分布于长坪沟、四姑娘山镇周边林下、路旁、沟边等处。

215　鼬瓣花 *Galeopsis bifida*

唇形科　鼬瓣花属

特征简介：草本。茎直立，多少分枝，粗壮，钝四棱形，具槽，在节上加粗，但在干时则明显收缢，此处密被多节长刚毛，节间其余部分混生向下具节长刚毛及贴生的短柔毛，在茎上部间或尚混杂腺毛。茎生叶卵状披针形或披针形，先端锐尖或渐尖，基部渐狭至宽楔形，边缘有规则的圆齿状锯齿，上面贴生具节刚毛，下面疏生微柔毛。轮伞花序腋生，多花密苞片线形或披针形，先端刺尖，边缘具刚毛；花萼被开展刚毛，内面被微柔毛，萼齿长三角形，具长刺尖；花冠白或黄色，稀淡紫红色；小坚果倒卵球状三棱形，褐色。花期7～9月，果期9月。

分布区域：主要分布于四姑娘山镇周边林缘、路旁、灌木丛、草地等空旷处。

216　连翘叶黄芩 *Scutellaria hypericifolia*

唇形科　黄芩属

特征简介：多年生草本；茎多数近直立或弧曲上升，四棱形。叶具短柄或近无柄；叶片草质，大多数卵圆形，在茎上部者有时为长圆形，顶端圆形或钝，稀微尖，基部大多圆形或宽楔形，但在茎上部者有时楔形，边缘全缘或偶有微波状，上面绿色，下面色较淡。花序总状；苞片下部者似叶，其余逐渐变小，卵形。花萼绿紫色，有时紫色，外面被疏柔毛及黄色腺点。花冠白色、绿白色至紫色、紫蓝色。小坚果卵球形。花期 6～8 月，果期 8～9 月。

分布区域：主要分布于双桥沟山地草坡上。

◆ 列当科 Orobanchaceae

217 凸额马先蒿 *Pedicularis cranolopha*

列当科 马先蒿属

特征简介：多年生草本。茎常丛生，不分枝。叶基出与茎生，基出者有时早枯，有长柄，有明显的翅，叶片长圆状披针形至披针状线形，羽状深裂，裂片卵形至披针状长圆形。花序总状顶生；萼膜质；花冠外面有毛，盔直立部分略前俯，上端即镰状弓曲向前上方成为含有雄蕊的部分，其前端急细为略做半环状弓曲而端指向喉部的喙，端深 2 裂。花期 6~7 月。

分布区域：主要分布于四姑娘山镇周边、巴朗山、双桥沟高山草地中。

218　斗叶马先蒿 *Pedicularis cyathophylla*

列当科　马先蒿属

特征简介：多年生草本。茎直立。叶轮生，基部结合，呈斗状体，叶片长椭圆形，羽状全裂，裂片边缘有锯齿，齿端常呈刺毛状。花序穗状；萼被长毛；花冠紫红色，花管细，脉不扭转，近端处以直角向前转折，使盔强烈前俯，下唇多少包裹盔部，盔的直立部分因管的向前转折而成横置，在直立部分与多少膨大的含有雄蕊部分之间有皱褶一条而后者（含有雄蕊部分）更俯向前下方，然后又突然向后下方急折为长喙。花期7~8月。

分布区域：主要分布于双桥沟高山草地中。

219 扭盔马先蒿 *Pedicularis davidii*

列当科 马先蒿属

特征简介：多年生草本。茎密被锈色短毛。叶茂密，下部多假对生，上部互生；叶片膜质，卵状长圆形至披地状长圆形，下部的较大，向上迅速变小，上部的变为苞片，羽状全裂，裂片每边 9～14 枚，边羽状浅裂或半裂。总状花序顶生；花冠全部为紫色或红色，花管伸直，管外疏被短毛，盔的直立部分在自身的轴上扭旋两整转，复在含有雄蕊部分的基部强烈扭折，使其细长的喙指向后方，喙常卷成半环形，或近端处略做 S 形，顶端二浅裂。蒴果狭卵形至卵状披针形。花期 6～8 月，果期 8～9 月。

分布区域：广泛分布于保护区内，生于沟边、路旁、草地上。

220   褐毛马先蒿 *Pedicularis dunniana*

列当科   马先蒿属

特征简介：高大草本，全身多褐色的长毛。茎单出或数条，粗壮中空，上部有时分枝。叶中部者最大，下部者较小而早枯，上部者渐小而变苞片，基部抱茎；叶片长披针形，羽状深裂，裂片披针状长圆形。萼有密腺毛，齿有锯齿；花冠较大，黄色，有毛，盔的直立部分稍向前弓曲，含有雄蕊的部分转折向前作舟形，下缘有长须毛，下唇约与盔等长。蒴果卵状长圆形。花期 7 月，果期 8~9 月。

分布区域：主要分布于巴朗山草坡与林中。

221 全叶马先蒿 *Pedicularis integrifolia*

列当科 马先蒿属

特征简介：多年生低矮草本。茎弯曲上升。叶狭长圆状披针形，基生者成丛，茎生者2~4对，无柄，叶片狭长圆形，均有波状圆齿。花无梗，花轮聚生茎端；萼圆筒状钟形，有腺毛，前方开裂1/3，有疏网纹，齿5枚，后方1枚较小，其余4枚长圆形；花冠深紫色，伸直，下唇3裂，侧裂椭圆形，后者为圆形，两侧不叠置于侧裂之下。蒴果卵圆形而扁平。花期6~7月。

分布区域：主要分布于海子沟高山草地中。

222 绒舌马先蒿 *Pedicularis lachnoglossa*

列当科 马先蒿属

特征简介：多年生草本。茎基部围有已枯的去年丛叶叶柄。叶多基生成丛，有长柄；叶片披针状线形，羽状全裂，中脉两侧略有翅，裂片多数，20~40 对，中部者最长，羽状深裂或有重锯齿，茎生叶很不发达。花序总状；萼圆筒状长圆形；花冠紫红色，花冠筒近中部稍前屈，上唇包雄蕊部分近直角转折向前下方，颔部与额部及其下缘均密被浅红褐色长毛，喙细；下唇 3 深裂，被红褐色缘毛。蒴果黑色。花期 6~7 月，果期 8 月。

分布区域：主要分布于巴朗山、海子沟、双桥沟高山草地中。

223 毛颏马先蒿 *Pedicularis lasiophrys*

列当科 马先蒿属

特征简介：多年生草本。茎直立。叶基部最发达，或成假莲座，中部以上几无叶，基生者有短柄，稍上者几无柄而稍抱茎；叶片长圆状线形至披针状线形，缘有羽状的裂片，裂片或齿两侧全缘，顶端复有重齿或小裂。花序多少头状或伸长为短总状；萼钟形；花冠淡黄色，其管仅稍长于萼，下唇3裂，稍短于盔，裂片均圆形而有细柄，无缘毛，盔含有雄蕊的部分多少膨大，卵形，以直角自直立部分转折，前端突然细缩成稍稍下弯而光滑的喙。果黑色光滑。花期7~8月。

分布区域：主要分布于巴朗山高山草地中。

224 条纹马先蒿 *Pedicularis lineata*

列当科 马先蒿属

特征简介：多年生草本，直立。叶基生者早枯，有长而膜质的柄；叶片圆卵形而小，具裂片约3对，茎叶4枚轮生，中部者具柄，上部者几无柄，叶片形状大小多变，生于茎的中部者最大，缘羽状浅裂至半裂，裂片卵形至长圆状卵形。萼膜质，卵圆形，前方不裂；花冠紫红色，管纤细，下唇多丰满，无缘毛，中裂仅稍小侧于裂，倒卵形，盔前缘基部稍扩大，上部较狭，前额斜下，前缘之端稍稍凸出。蒴果三角状披针形而狭。

花期4~7月，果期7~9月。

分布区域：主要分布于巴朗山林中或草地中。

225　巴塘马先蒿 *Pedicularis batangensis*

列当科　马先蒿属

特征简介：多年生草本。茎丛生，有时极多而密，有时也有极长而蔓生的，仅端部上升，多对生的分枝。叶对生，稀有亚对生，近于革质；叶片长圆形至卵状长圆形，两面均被短柔毛，羽状全裂，裂片线形至线状披针形，常为互生而不相对。花全部腋生；花梗约与萼等长，被短毛；萼近于革质，管倒圆锥形，前方浅裂，主脉5条明显，凸起，齿5枚；花冠浅红至玫瑰色，伸直，外面被密毛；盔的背线自直立部分基部至顶部高约7毫米，以直角转折向前成为短而圆的含有雄蕊部分，在转角处内缘常有指向前方的小齿1对，额部高凸，另有微微高起的鸡冠状突起，前端突然细缩成伸直而尖端微微翘起的喙部，下唇约与盔等长。蒴果卵圆形。花期6～8月，果期8～9月。

分布区域：主要分布于长坪沟、双桥沟和巴朗山高山石坡上。

226　小唇马先蒿 *Pedicularis microchilae*

列当科　马先蒿属

特征简介：一年生草本。茎单一或多至 5 条。叶稀少，茎生者最下方一节上者常对生，自此以上均为 4 枚轮生；叶片长圆形至椭圆形或卵形，最下部者最小，中部者最大。花序由 1～8 个花轮组成；花冠的管与下唇浅红色，盔紫色而较深，管基部一段与萼管同一指向，至萼喉稍稍膝屈而转指前方，然后其上线突然以近乎或过于直角的角度转折向上而成为盔，其下线则继续向前并稍扩大成喉部而连于下唇，下唇侧裂椭圆形较大，中裂有柄。蒴果三角状狭卵形。花期 6～8 月。

分布区域：主要分布于巴朗山高山草地、灌木丛中。

227 多齿马先蒿 *Pedicularis polyodonta*

列当科 马先蒿属

特征简介：一年生草本。茎单出，或常从基部分枝，3～7 条，极偶然在中下部分枝。叶对生，或在花序下面一节偶有 3 枚轮生者，稀疏，茎生者 2～4 对，基生的具有长柄，扁平，具有狭翅，密被白色长柔毛，茎生者近于无柄或有短柄，叶片卵形至卵状披针形，或有时为三角状长卵形，基部较宽，截形至亚心脏形，顶端钝，羽状浅裂。花序穗状，生于枝端，短而头状或多少伸长，花多数，略密集；萼管状，密被短柔毛，前方不开裂，5 条主脉虽细而显著，萼齿 5 枚不等；花冠黄色，花管直伸，喉部被短柔毛，盔下部与管同一指向，上部强烈镰形弓曲，额部略做方形而端圆，有时有狭鸡冠状突起一条，其上有时具波状小齿一二枚，额顶下截形向下，下唇比盔短，有极短却很明显的阔柄，3 裂。蒴果。花期 6～8 月。

分布区域：主要分布于四姑娘山镇道路边草丛，长坪沟、双桥沟、海子沟高山草地中。

228 刺冠谬氏马先蒿 *Pedicularis mussotii* var. *lophocentra*

列当科 马先蒿属

特征简介：多年生草本。茎成丛。叶多基生，扁平，两侧有狭翅，生有疏毛，叶片多变，缘羽状深裂或几全裂。茎生叶常对生，仅在茎端花序中显出互生现象，基部长缘毛，叶片较小。花全部腋生。萼有细毛；花冠红色，外面有毛，盔自额部起向前至喙的近基的 1/3 处有狭鸡冠状突起 1 条，至行将终了的地方，突然伸长成为 1 条基部三角

形而上方细长为刺状的附属物，此附属物在花蕾中显著地由包裹于外方的萼的裂口上部伸出于外。蒴果半圆形。花期 7～8 月，果期 8 月。

分布区域：主要分布于双桥沟、巴朗山高山草地中。

229 鹅首马先蒿 *Pedicularis chenocephala*

列当科 马先蒿属

特征简介：多年生草本。茎有毛或几光滑，草质，单出或2～3条。叶基生者未见，生下部者有长柄，无毛，叶片线状长圆形，羽状全裂，最近基的2枚裂片常极小，其余者较大，共5～10对，卵状长圆形，羽状浅裂，小裂片2～3对，上部茎生叶对生或轮生，卵状长圆形，裂片仅4～5对。花序头状，外面密被总苞状苞片；萼薄膜质，脉10条，均细弱，5条主脉稍明显，无网脉，萼齿5枚；花冠玫瑰色。管几伸直或近端处稍稍向前屈，盔直立部分很长，其前缘高达8～9毫米，微微向前弓曲，端约以45°角转向前上方成为多少膨大的含有雄蕊部分，前端有转指前方的短喙，下唇基部楔形，侧裂斜倒卵形，中裂较小，宽卵形，约向前伸出一半，各裂之端均有小凸尖。花期7月，果期8月。

分布区域：主要分布于长坪沟、双桥沟、海子沟、巴朗山高山草地上。

230 等裂马先蒿 *Pedicularis paiana*

列当科 马先蒿属

特征简介：植株干时变黑；茎单出，不分枝，有毛，具纵沟纹。叶多茎生，多披针状长圆形，两面有疏毛，羽状开裂，裂片每边 10～15，约裂至一半，边缘有齿，多胼胝。萼外面有毛。管长达 1.5 厘米，齿 5 枚，几相等，披针状长圆形；花冠外面全部有毛，管约与盔等长，盔多少镰状弓曲，前端下缘有 1 个不显著的小突尖，上半沿下缘有密须毛，下唇约与盔等长，长卵形钝头。花期 7～8 月。

分布区域：主要分布于双桥沟高山草地上。

231 矮小青藏马先蒿 *Pedicularis przewalskii* subsp. *microphyton*

列当科 马先蒿属

特征简介：多年生低矮草本。根多数，成束，多少纺锤形而细长，有须状细根发出；根茎粗短，稍有鳞片残余；茎多单条。叶基出与茎出，下部者有长柄，多少膜质变宽，上部者柄较短；叶片披针状线形，有密毛，边缘羽状浅裂成圆齿，上面的叶较小而相似，柄较短；萼裂片通常 2 或 3 枚；花冠具紫红色盔瓣和白色到浅黄下唇，不具缘毛。筒部具粗毛，下唇不具缘毛。花期 6～7 月。

分布区域：主要分布于双桥沟、长坪沟、巴朗山高山草地中。

232 紫花大王马先蒿 *Pedicularis rex* subsp. *lipskyana*

列当科 马先蒿属

特征简介：多年生草本。茎直立。叶 3～5 枚
而常以 4 枚较生，有叶柄，其柄在最下部者常不膨
大而各自分离，其较上者多强烈膨大，而与同轮中
者互相结合成斗状体；叶片羽状全裂或深裂，裂
片线状长圆形至长圆形，缘有锯齿。花序总状；
花萼 2 裂；花冠紫红色，直立。蒴果卵圆形。花期
5～7 月。

分布区域：主要分布于巴朗山、双桥沟山坡
草地、针叶林中。

233　狭盔马先蒿 *Pedicularis stenocorys*

列当科　马先蒿属

特征简介：多年生草本。茎略被疏短毛。叶基生者早枯，茎生者 4 枚或偶有 3 枚成轮，具纤细的长柄，渐上渐短，扁平。两侧有狭翅，被有疏毛；叶片薄纸质，长圆状披针形至卵状长圆形，中部者最大，羽状深裂至全裂。花序穗状而密；萼倒卵形；花冠  粉红色至玫瑰色，上有深色斑点，盔狭而长，约在中部做明显的膝屈，在弯曲处前缘有凹缺，缺旁有时有小齿状突起，下唇略短于盔。蒴果斜披针状卵形。花期 7 月，果期 7～8 月。

分布区域：主要分布于双桥沟高山草地中。

234 扭喙马先蒿 *Pedicularis streptorhyncha*

列当科 马先蒿属

特征简介：多年生草本。茎不分枝。叶大部基生，有长柄，薄而扁平，基部膜质，稍膨大而作鞘状，缘有毛；叶片长于叶柄，线状披针形，羽状浅裂，裂片9～28对，三角状卵形。花序疏总状；萼圆筒形，前方开裂过于中部；花冠下唇很大，裂片几相等，中裂倒卵形，端截头而微凹，侧裂稍较狭，缘有不规则的波齿，盔直立部分在含有雄蕊的部分突然扭卷，然后渐细为伸长而作S形的喙。蒴果三角状披针形。花期7～8月，果8月成熟。

分布区域：主要分布于双桥沟高山草地、灌木丛中。

235　四川马先蒿 *Pedicularis szetschuanica*

列当科　马先蒿属

特征简介：一年生草本。茎基有时有宿存膜质鳞片，有棱沟。叶下部者有长柄，多少膜质，基部常多少膨大；叶片长卵形经由卵状长圆形至长圆状披针形，羽状浅裂至半裂，裂片 5～11 枚，多少卵形至倒卵形。花序穗状而密；萼膜质，无色或有时有红色斑点，主次脉明显；花冠紫红色，管在基部以上约以 45°或偶有以较强烈的角度向前膝屈，其上半节又稍稍向上仰起，向喉部渐渐扩大，基部圆形，侧裂斜圆卵形，中裂圆卵形，端有微凹，盔下半部向基渐宽。花期 7 月。

分布区域：主要分布于巴朗山高山草地、云杉林、水流旁及溪流岩石上。

236 打箭马先蒿 *Pedicularis tatsienensis*

列当科 马先蒿属

特征简介：多年生草本。茎单出或2～3条。叶基生或成丛，有长柄，细弱扁平，叶片卵状长圆形至线状长圆形，羽状全裂，裂片两端较小，中间大，卵形至长圆形，羽状深裂，小裂片2～4对，有重锯齿，茎生叶柄较短，不膨大膜质，近基处有毛。花序头状。萼管脉10条；花冠紫红色，盔上部近于黑紫色，下唇倒卵形，基部广楔形，侧裂狭长，前端内侧耳形，

与中裂组成弯缺，中裂约等宽，倒卵形有明显的柄。花期5～6月。

分布区域：主要分布于双桥沟、巴朗山高山草地中。

237 具冠马先蒿 *Pedicularis cristatella*

列当科　马先蒿属

特征简介：一年生草本。茎弯曲上升。叶基出者有时宿存，叶柄密生黄色长毛，与叶轴均有翅，叶片羽状全裂，长圆状披针形至狭披针形，裂片披针形，羽状浅裂。花序长穗状；苞片下部叶状；萼薄膜质，白色；花冠红紫色，盔色较深，管在子房周围膨大，上部细，直而不弯，下唇大，侧裂倒三角状卵形，端指向前方，盔自直立部分基部至顶，完全直立而不弯。蒴果扁卵圆形。花期7月。

分布区域：主要分布于巴朗山、四姑娘山镇周边草地中。

238　大管马先蒿 *Pedicularis macrosiphon*

列当科　马先蒿属

特征简介：多年生草本。茎细弱，弯曲而上升或长而蔓。叶下部者常对生或亚对生，上部者互生；叶片大小形状极多变异，卵状披针形至线状长圆形，羽状全裂。花腋生，稀疏，浅紫色至玫瑰色；萼圆筒形，前方不开裂，膜质；花管伸直，无毛，盔近端处有时有小耳状凸起；下唇长于盔，以锐角开展，3 裂，侧裂较大而椭圆形，中裂凸出为狭卵形而钝头。蒴果长圆形至倒卵形。花期 5～8 月。

分布区域：主要分布于巴朗山山沟阴湿处、沟边及林下。

239　管状长花马先蒿 *Pedicularis longiflora* var. *tubiformis*

列当科　马先蒿属

特征简介：低矮草本。根束生，几不增粗，下端渐细成须状。茎多短，很少伸长。叶基出与茎出，常成密丛，有长柄，柄在基叶中较长，在茎叶中较短，下半部常多少膜质膨大，时有疏长缘毛，叶片羽状浅裂至深裂，披针形至狭长圆形，两面无毛。花均腋生，有短梗；萼管状，前方开裂约至2/5；花冠黄色，盔直立部分稍向后仰，上端转向前上方成为多少膨大的含有雄蕊部分，其前端很快狭细为一半环状卷曲的细喙，其端指向花喉，下唇有长缘毛，下唇近喉处有棕红色的斑点2个。蒴果披针形。花期5～10月。

分布区域：主要分布于巴朗山高山草地及溪流两旁等处。

240 甘肃马先蒿 *Pedicularis kansuensis*

列当科 马先蒿属

特征简介：一年或两年生草本。茎常多条自基部发出，中空，多少方形。叶基出者常长久宿存，茎叶柄较短，4 枚轮生，叶片长圆形，羽状全裂，裂片约 10 对，披针形。花序长者达 25 厘米或更多，花轮极多而均疏距，多者达 20 余轮，仅顶端者较密；萼下有短梗，膨大而为亚球形，前方不裂，膜质，主脉明显，有 5 齿；花冠管在基部以上向前膝屈，其长为萼的两倍，向上渐扩大，下唇长于盔，裂片圆形，中裂较小，基部狭缩，其两侧与侧裂所组成的缺刻清晰可见，盔多少镰状弓曲，基部仅稍宽于其他部分，中下部有一最狭部分，常有具波状齿的鸡冠状突起，端的下缘尖锐但无突出的小尖。蒴果斜卵形。花期 6~8 月。

分布区域：主要分布于双桥沟路边和巴朗山高山草地。

241 红毛马先蒿 *Pedicularis rhodotricha*

列当科 马先蒿属

特征简介：多年生草本。茎基偶有鳞片状叶数枚，生有排列成条的毛。叶下部者有柄而较小，中部者最大，有短柄或多少抱茎，线状披针形，偶有披针状长圆形，一般较狭，锐头，缘边羽状深裂至全裂，裂片长圆形至卵形，其基部狭于中部，有小裂片与重齿，齿端偶有白色胼胝，两面几全光滑。花序头状至总状，花多密生，偶亦稀疏；苞片叶状而小，基部很宽，无毛；花紫红色；萼钟形，带紫红色，齿三角状卵形，略短于管，缘有齿，仅齿边有缘毛；花冠的管略与萼等长，无毛，下唇极宽阔，两侧裂片略似褶扇形，内侧有大耳，盔直立部分很短，渐渐斜上做半月形弓曲而后渐狭为指向下前方的喙，除喙与直立部分前半外，均厚被长而淡红色的毛；喙端有凹缺。花期6～8月。

分布区域：主要分布于双桥沟、巴朗山高山灌木丛边。

242　美观马先蒿 *Pedicularis decora*

列当科　马先蒿属

特征简介：多年生草本。高达 1 米，干时多少变为黑色，多毛。茎有时上部分枝，中空，生有白色无腺的疏长毛。根茎粗壮肉质。叶线状披针形至狭披针形，深裂至 2/3 处为长圆状披针形的裂片，裂片达 20 对，缘有重锯齿。花序穗状而长，毛较密而具腺，下部的花疏距，上部较密；苞片始叶状而长，愈上则愈小，变为卵形而具长尖，全缘；花黄色，萼有密腺毛，很小，齿三角形而小，锯齿不明显或几全缘；花管有毛，约长于萼三倍，下唇裂片卵形，钝头，中裂较大于侧裂，盔约与下唇等长，舟形，下缘有长须毛。果卵圆而稍扁。花期 6 月，果期 7～8 月。

分布区域：主要分布于长坪沟、双桥沟、巴朗山草坡、疏林中。

243   细裂叶松蒿 *Phtheirospermum tenuisectum*

列当科   松蒿属

特征简介：多年生草本，植体被腺毛。茎多数。叶对生，中部以上的有时亚对生，三角状卵形，二至三回羽状全裂；小裂片条形，先端圆钝或有时有小凸尖。花单生，具梗，萼齿卵形至披针形，边缘多变化，全缘直至深裂而具小裂片；花冠通常黄色或橙黄色，外面被腺毛及柔毛，喉部被毛；上唇裂片卵形；下唇三裂片均为倒卵形，近乎相等，或中裂片稍大，边缘被缘毛。蒴果卵形。花果期 5～10 月。

分布区域：主要分布于双桥沟草坡、林下、灌木丛中。

244 丁座草 *Xylanche himalaica*

列当科 丁座草属

特征简介：多年生寄生草本。根状茎球形或近球形；茎1条，直立，不分枝，肉质。叶宽三角形、三角状卵形或卵形。总状花序长8～20厘米；苞片1枚，三角状卵形；小苞片无或2枚；花梗长0.6～1.0厘米；花萼5裂，花后裂片脱落，筒部宿存；花冠长1.5～2.5厘米，黄褐色或淡紫色，筒部稍膨大，上唇盔状，下唇3浅裂，常反折。蒴果近球形或卵状长圆形。花期4～6月，果期6～9月。

分布区域：主要分布于双桥沟、长坪沟高山林下或灌木丛中。

◆ 桔梗科 Campanulaceae

245   喜马拉雅沙参 *Adenophora himalayana*

桔梗科　沙参属

特征简介：根细。茎常数支发自一条茎基上，不分枝，通常无毛。叶绝大多数为宽条形，少数为狭椭圆形至卵状披针形，无柄或有时茎下部的叶具短柄，全缘至疏生不规则尖锯齿，无毛或极少数有毛。单花顶生或数朵花排成假总状花序。花萼无毛，筒部倒圆锥状或倒卵状圆锥形，裂片全缘，极个别在边缘有瘤状齿；花冠蓝色或蓝紫色，钟状，裂片卵状三角形。蒴果卵状矩圆形。花期7~9月。

分布区域：主要分布于巴朗山高山草地或灌木丛下。

246 川藏沙参 *Adenophora liliifolioides*

桔梗科 沙参属

特征简介：茎常单生，不分枝，通常被长硬毛，少无毛的。基生叶心形，具长柄，边缘有粗锯齿；茎生叶卵形、披针形至条形，边缘具疏齿或全缘，背面常有硬毛，少无毛的。花序常有短分枝，组成狭圆锥花序。花萼无毛，筒部圆球状，裂片钻形，全缘，

极少具瘤状齿；花冠细小，近于筒状或筒状钟形，蓝色、紫蓝色、淡紫色，极少白色。蒴果卵状或长卵状。花期7～9月，果期9～10月。

分布区域：主要分布于长坪沟草地、灌木丛和乱石中。

247 钻裂风铃草 *Campanula aristata*

桔梗科 风铃草属

特征简介：根胡萝卜状。茎通常 2 至数支丛生，直立，高 10～50 厘米。基生叶卵圆形至卵状椭圆形，具长柄；茎中下部的叶披针形至宽条形，具长柄，中上部的条形，无柄，全缘或有疏齿，全部叶无毛。花萼筒部狭长，裂片丝状，通常比花冠长，少较短的；花冠蓝色或蓝紫色。蒴果圆柱状，下部略细些。种子长椭圆状，棕黄色。花期 6～8 月。

分布区域：主要分布于长坪沟、巴朗山草地及灌木丛中。

248　西南风铃草 *Campanula pallida*

桔梗科　风铃草属

特征简介：多年生草本，根胡萝卜状，有时仅比茎稍粗。茎单生，少2支，更少为数支丛生于一条茎基上，上升或直立，被开展的硬毛。茎下部的叶有带翅的柄，上部的无柄，椭圆形、菱状椭圆形或矩圆形，顶端急尖或钝，边缘有疏锯齿或近全缘。花下垂，顶生于主茎及分枝上，有时组成聚伞花序。花萼筒部倒圆

锥状，被粗刚毛，裂片三角形至三角状钻形。冠紫色、蓝紫色或蓝色，管状钟形。蒴果倒圆锥状。花期5～9月。

分布区域：主要分布于四姑娘山镇周边、长坪沟、巴朗山山坡草地和疏林下。

249 绿花党参 *Codonopsis viridiflora*

桔梗科 党参属

特征简介：根常肥大呈纺锤状或圆锥状。主茎1～3枚发自一条茎基，近于直立，侧枝着生于主茎近下部，疏被短硬毛或近于无毛。叶在主茎上的互生，在茎上部的小而呈苞片状，在侧枝上的对生或近于对生，似一羽状复叶；叶片阔卵形、卵形、矩圆形或披针形，叶脉明显，上面绿色，下面灰绿色，两面被稀疏或稍密的短硬毛。花1～3朵，着生于主茎及侧枝顶端；花萼贴生至子房中部，筒部半球状，具10条明显辐射脉，光滑无毛；花冠钟状，黄绿色，仅近基部微带紫色，内外光滑无毛，浅裂，裂片三角形，顶端微钝。蒴果。花果期7～10月。

分布区域：主要分布于双桥沟高山草地及林缘中。

250 抽莛党参 *Codonopsis subscaposa*

桔梗科　党参属

特征简介：根常肥大呈圆锥状。茎直立，单一或下端叶腋处有短细分枝，黄绿色或黄白色。叶在主茎上的互生，在侧枝上的对生，多聚集于茎下部至上端则渐趋稀疏而狭小；叶柄疏生柔毛；叶片卵形，长椭圆形或披针形，基部楔形。花顶生或腋生，常着生于茎顶端，呈花葶状；花萼贴生至子房中部，筒部半球状；花冠阔钟状，5裂几近中部，黄色而有网状红紫色脉或红紫色而有黄色斑点。蒴果下部半球状，上部圆锥状。花果期7～10月。

分布区域：主要分布于长坪沟山地草坡或疏林中。

251 脉花党参 *Codonopsis foetens* subsp. *nervosa*

桔梗科　党参属

特征简介：多年生草本，有乳汁。茎基具多数瘤状茎痕。主茎直立或上升，能育；侧枝集生于主茎下部，具叶，通常不育。主茎上的叶互生，在茎上部渐疏而呈苞片状，在侧枝上的近于对生；叶片阔心状卵形，心形或卵形，顶端钝或急尖，叶基心形或较圆钝，近全缘。花单朵，极稀数朵，着生于茎顶端，使茎呈花葶状，花微下垂；花萼贴生至子房中部，筒部半球状。花期7～10月。

分布区域：主要分布于长坪沟、巴朗山草地中。

252 川鄂党参 *Codonopsis henryi*

桔梗科　党参属

特征简介：根未见。茎缠绕，长 1 米余，主茎明显，侧枝短小，其上有叶 2～4 片，不育或顶端着花。主茎上的叶互生，在侧枝上的近于对生；叶柄短，被短柔毛；叶片长卵状披针形或披针形，顶端渐尖，基部下延或楔形，边缘具较深而明显的粗锯齿，上面绿色，疏生短柔毛，下面灰绿色，被平伏微柔毛。花单生于侧  枝顶端，花梗极短，被短柔毛；花萼贴生至子房中部，筒部半球状，裂片间湾缺宽钝，裂片彼此远隔，三角形，顶端急尖；花冠钟状或略呈管状钟形，裂片三角状，无毛。果未见。花期 7～8 月。

分布区域：主要分布于长坪沟山地林下及灌木丛中。

253 大萼蓝钟花 *Cyananthus macrocalyx*

桔梗科 蓝钟花属

特征简介：多年生草本。茎数条并生。叶互生，由茎下部的叶至上部的叶渐次增大，花下的 4 或 5 枚叶子聚集而呈轮生状；叶片菱形、近圆形或匙形，边缘反卷，顶端钝或急尖，基部突然变狭成柄。花单生茎端；花萼开花期管状，黄绿色或带紫色，花后显著膨大；花冠黄色，有时带有紫色或红色条纹，也有的下部紫色，而超

出花萼的部分黄色，筒状钟形，内面喉部密生柔毛。蒴果。花期 7～8 月。

分布区域：主要分布于巴朗山、海子沟、双桥沟山地林间、草地或草坡中。

254　丽江蓝钟花 *Cyananthus lichiangensis*

桔梗科　蓝钟花属

特征简介：一年生草本。茎数条并生。叶稀疏而互生，唯花下 4 或 5 枚聚集呈轮生状；叶片卵状三角形或菱形，两面皆生短而稀疏的柔毛，边缘反卷，全缘或有波状齿。花单生于主茎和分枝顶端；花萼筒状，花后下部稍膨大，外面被红棕色刚毛，毛基部膨大，常呈黑色疣状凸起，裂片倒卵状矩圆形，最宽处在中部或中部以上，外面疏生红棕色细刚毛；花冠淡黄色或绿黄色，有时具蓝色或紫色条纹。花期 8 月。

分布区域：主要分布于双桥沟山坡草地或林缘草丛中。

255　蓝钟花 *Cyananthus hookeri*

桔梗科　蓝钟花属

特征简介：一年生草本。茎通常数条丛生，近直立或上升，疏生开展的白色柔毛，基部生淡褐黄色柔毛或无毛。叶互生，花下数枚常聚集呈总苞状；叶片菱形、菱状三角形或卵形，先端钝，基部宽楔形，突然变狭成叶柄，边缘有少数钝牙齿，有时全缘，两面被疏柔毛。花小，单生茎和分枝顶端，几无梗；花萼卵圆状，外面密生淡褐黄色柔毛，或完全无毛，裂片3～5枚，三角形，两面生柔毛；花冠紫蓝色，筒状，外面无毛，内面喉部密生柔毛。蒴果卵圆状，成熟时露出花萼外。花期8～9月。

分布区域：主要分布于长坪沟、双桥沟、海子沟、巴朗山山坡草地中。

◆ 菊科 Asteraceae

256 水母雪兔子 *Saussurea medusa*（国级二级保护植物）

菊科 风毛菊属

特征简介：多年生多次结实草本。茎直立，密被白色绵毛。叶密集，下部叶倒卵形，扇形、圆形或长圆形至菱形，顶端钝或圆形，基部楔形渐狭成紫色的叶柄，上半部边缘有 8～12 个粗齿；上部叶渐小，向下反折，卵形或卵状披针形；最上部叶线形或线状披针形，向下反折；头状花序多数。总苞狭圆柱状；总苞片 3 层。小花蓝紫色，细管部与檐部等长。瘦果纺锤形。花果期 7～9 月。

分布区域：主要分布于巴朗山多砾石山坡、高山流石滩上。

257 球花雪莲 *Saussurea globosa*

菊科 风毛菊属

特征简介：多年生草本。茎直立，绿色或紫色。基生叶有叶柄，叶片长椭圆形、披针形或长圆状披针形，基部楔形渐狭。茎生叶渐小，线状披针形或线形，无柄；头状花序在茎顶排成伞房状总花序。总苞钟状或球形，总苞片3～4层，全部或边缘紫红色，外面被白色长柔毛和腺毛，外层卵状或卵状披针形，中层长圆形或长圆状披针形，内层线状披针形。小花紫色。瘦果长圆形。花果期7～9月。

分布区域：主要分布于巴朗山高山草坡、山顶、荒坡、草甸上。

258　巴朗山雪莲 *Saussurea balangshanensis*（国级二级保护植物）

菊科　风毛菊属

特征简介：多年生草本植物，丛生，形成丛状。茎单生，直立，紫色，有浓密的长毛。莲座和下部茎叶具叶柄；叶片线状披针形，两面具腺毛，基部楔形，边缘有波状的齿。茎生叶 3～6，具叶柄。上部叶具短叶柄或无柄，半抱茎。复伞形花序，密集。总苞 2～3 轮，花冠紫色。雄蕊花药箭头形，花柱 2 裂，基部有

毛。瘦果（未成熟）棕色，倒圆锥形，有棱，无毛。冠毛淡褐色。花期 8～9 月，果期 9～10 月。

分布区域：主要分布于巴朗山、海子沟高山流石滩上。

259 槲叶雪兔子 *Saussurea quercifolia*

菊科 风毛菊属

特征简介：多年生多次结实簇生草本。根垂直直伸，黑色。根状茎细或粗，常分枝，颈部被褐色残迹的叶柄。茎直立，被白色绒毛。基生叶椭圆形或长椭圆形，基部楔形渐狭成柄或扁柄，顶端急尖，边缘有粗齿；上部叶渐小，反折，披针形或线状披针形。头状花序多数。总苞长圆形，总苞片 3～4 层，近等长；全部总苞片边缘透明膜质。小花蓝紫色。瘦果褐色，圆柱状。花果期 7～10 月。

分布区域：主要分布于巴朗山高山灌木丛草地、流石滩上。

260 毡毛雪莲 *Saussurea velutina*

菊科 风毛菊属

特征简介：多年生草本。茎直立，被黄褐色长柔毛。基生叶早落；下部茎叶有叶柄；叶片线状披针形或披针形，顶端渐尖，基部渐狭，边缘疏生小锯齿；中部茎叶渐小，无柄，与下部茎叶同形或长圆状披针形；最上部茎叶苞叶状，倒卵形，紫红色，膜质，边缘有细齿或几全缘，半包围头状花  序。头状花序单生茎顶。总苞半球形，总苞片4层。小花紫红色。瘦果长圆形。花果期7～9月。

分布区域：主要分布于巴朗山高山草地、灌木丛及流石滩。

261 星状雪兔子 *Saussurea stella*

菊科 风毛菊属

特征简介：无茎莲座状草本，全株光滑无毛。叶莲座状，星状排列，线状披针形，无柄，中部以上长渐尖，向基部常卵状扩大，边缘全缘，紫红色或近基部紫红色。头状花序无小花梗，多数。总苞圆柱形；总苞片5层，覆瓦状排列，外层长圆形，顶端圆形，中层狭长圆形，

顶端圆形，内层线形，顶端钝；全部总苞片外面无毛，但中层与外层苞片边缘有睫毛。小花紫色。瘦果圆柱状。花果期7～9月。

分布区域：主要分布于双桥沟、巴朗山高山草地、山坡灌木丛草地。

262 弯齿风毛菊 *Saussurea przewalskii*

菊科 风毛菊属

特征简介：多年生草本。茎黑紫色，被白色蛛丝状绵毛。基生叶基部渐狭成长翼柄，柄基鞘状扩大，叶片长椭圆形，羽状浅裂或半裂，侧裂片4～6对，三角形。茎生叶与基生叶同形并等样分裂，渐小，基部渐狭成短柄或几无柄，花序下部的叶线状披针形，无柄，羽状浅裂或半裂。头状花序6～8个集聚于茎端。总苞卵形，总苞片5层。小花紫色。瘦果圆柱状，无毛。花果期7～9月。

分布区域：主要分布于双桥沟山坡灌木丛草地、流石滩、林缘。

263 牛耳风毛菊 *Saussurea woodiana*

菊科 风毛菊属

特征简介：多年生矮小草本。茎直立。
基生叶莲座状，宽椭圆形、长圆形或倒披针
形，顶端钝或稍急尖，基部渐狭成短翼柄，
边缘有稀疏的锯齿或全缘，齿端有小尖头；
茎生叶 1～3 枚，与基生叶同形。头状花序
单生茎顶。总苞钟状或卵状钟形；总苞片
5～6 层，边缘紫色，外面被稠密的淡黄色长
柔毛，顶端长渐尖。小花紫色。瘦果圆柱状。花果期 7～8 月。

分布区域：主要分布于双桥沟、巴朗山山坡草地及山顶。

264 打箭风毛菊 *Saussurea tatsienensis*

菊科 风毛菊属

特征简介：植株有稀疏的柔毛。高近30厘米，有叶。叶狭披针形，边缘全缘，有缘毛，两面有稀疏的白色柔毛，下部茎叶基部渐狭成柄，茎生叶向基部较宽，半抱茎；最上部茎叶线钻形。头状花序伞房状排列，有花序梗。总苞片厚，狭披针形，顶端渐尖，有糙硬毛。托片不等大，长为总苞片的一半。冠毛污白色。花期8月。

分布区域：主要分布于巴朗山、海子沟草地中。

265   柳叶菜风毛菊 *Saussurea epilobioides*

菊科   风毛菊属

特征简介：多年生草本。根状茎短。茎直立，不分枝，无毛，单生。基生叶花期脱落；下部及中部茎叶无柄，叶片线状长圆形，顶端长渐尖，基部渐狭成深心形半抱茎的小耳，边缘有真长尖头的深密齿，上面有短糙毛，下面有小腺点。上部茎叶小，与下部及中部茎叶同形，但渐小，基部无明显的小耳。头状花序在茎端排成密集的伞房状。总苞钟状或卵状钟形；总苞片4～5层，全部总苞片几无毛。小花紫色。瘦果圆柱状，无毛。花果期8～9月。

分布区域：主要分布于双桥沟山坡草地上。

266 锥叶风毛菊 *Saussurea wernerioides*

菊科 风毛菊属

特征简介：多年生无茎草本，植株矮小。根状茎细长，多分枝，上部被稠密暗紫褐色鞘状残迹，下部生多数淡褐色须根。叶莲座状，长椭圆状倒披针形，有短叶柄，柄基鞘状扩大，顶端急尖，有小尖头，浅裂，侧裂片 2～3 对，尖锯齿状，叶两面异色，上面绿色或干后黄色，无毛，下面灰白色，密被白色绒毛。头状花序单生根状茎分枝的顶端。总苞钟状，紫色；总苞片3 层，几等长，外层卵状披针形，顶端渐尖，中层长披针形，顶端长渐尖，有小尖头，内层线形，顶端有小尖头。小花紫红色。瘦果圆柱状，淡褐色。花果期 8～9 月。

分布区域：主要分布于长坪沟、双桥沟、巴朗山山坡草地。

267 假合头菊 *Melanoseris souliei*

菊科　毛鳞菊属

特征简介：莲座状多年生草本。茎膨大或上部稍膨大。茎叶在团伞花序下密集成莲座状，大头羽状全裂，有长或短叶柄，常紫红色或紫褐色，顶裂片卵形、心形、几圆形、宽倒披针形、椭圆形或三角状卵形，顶端圆形或急尖，边缘浅波状，有小尖头或全缘而仅有小尖头，基部心形或平截形，侧裂片 1～3 对，耳形、椭圆形、半圆形、三

角形或几圆形，全部裂片两面无毛。头状花序多数或极多数在茎端莲座状叶丛中集成团伞花序，含 4～6 枚舌状小花。总苞片狭圆柱状；总苞片 1 层，4～6 枚，椭圆形或长椭圆形。舌状小花紫红色或蓝色。瘦果长倒卵形，压扁。花果期 8 月。

分布区域：主要分布于长坪沟、双桥沟、巴朗山山坡、沟边。

268 狭舌垂头菊 *Cremanthodium stenoglossum*

菊科 垂头菊属

特征简介：多年生草本。茎花葶状，单生，直立，最上部被白色卷曲柔毛和褐色短的有节柔毛，下部光滑。丛生叶和茎基部叶具柄，光滑，基部膨大，鞘状，叶片圆肾形或肾形，边缘棱角状，裂片互相重叠，两面光滑，近肉质，叶脉掌状，常不明显；茎下部叶1个，宽肾形，较小，无柄或有短柄，基部鞘状；茎中上部无叶或有1个长圆形的苞叶。头状花序单生，辐射状，下垂，总苞半球形，紫红色，2层，外层狭披针形，内层长圆形，先端渐尖或急尖。舌状花黄色。管状花多数，黄色。瘦果圆柱形。花果期7～8月。

分布区域：主要分布于巴朗山高山草地、高山流石滩上。

269 戟叶垂头菊 *Cremanthodium potaninii*

菊科 垂头菊属

特征简介：多年生草本。茎单生，直立。丛生叶和茎下部叶具柄，基部有鞘，叶片卵状心形、三角状心形、卵状披针形至披针形，边缘具整齐的三角齿；或下半部边缘有齿，上半部边缘全缘，基部心形、平截形至楔形；茎中上部叶线状披针形至线形，全缘，无柄。头状花序单生，下垂，总苞宽钟状，总苞片2层。舌状花黄色，舌片线形，先端渐尖；管状花多数，黄色。瘦果圆柱形。花果期7～9月。

分布区域：主要分布于巴朗山灌木丛中、高山草地上。

270 空桶参 *Soroseris erysimoides*

菊科 绢毛苣属

特征简介：多年生草本。茎直立，单生，圆柱状，上下等粗，不分枝，无毛或上部被稀疏或稍稠密的白色柔毛。叶多数，沿茎螺旋状排列，中下部茎叶线舌形、椭圆形或线状长椭圆形，基部楔形渐狭成柄，顶端圆形、钝或渐尖，边缘全缘，平或皱波状；上部茎叶及接团伞花序下部的叶与中下部叶同形，但渐小。头状花序多数，在茎端集成团伞状花序。总苞狭圆柱状；总苞片 2 层，外层 2 枚，线形，紧贴内层总苞片，内层 4 枚，披针形或长椭圆形。舌状小花黄色，4 枚。瘦果微压扁，近圆柱状，顶端截形，下部收窄。花果期 6～10 月。

分布区域：主要分布于巴朗山、双桥沟高山灌木丛、草地、流石滩或碎石带。

271 美头火绒草 *Leontopodium calocephalum*

菊科 火绒草属

特征简介：多年生草本。茎不分枝。下部叶与不育茎的叶披针形、长披针形或线状披针形，渐狭成长叶柄并在基部成褐色宽松而长的鞘部；中部或上部叶渐短，卵圆披针形，楔形或圆形，抱茎，无柄。苞叶尖三角形，顶端渐细尖，上面被多少白色或干燥后黄色或黄褐色厚绒毛，下面被白色、银灰色绒毛或有时绿色。头状花序密集。总苞被白色柔毛；小花异形，或雌雄异株。雄花花冠狭漏斗状管状，有卵圆形裂片；雌花花冠丝状。瘦果被短粗毛。花期 7～9 月，果期 9～10 月。

分布区域：主要分布于巴朗山高山草地、石砾坡地、灌木丛、针叶林下或林缘。

272 铺散亚菊 *Ajania khartensis*

菊科 亚菊属

特征简介：多年生铺散草本。花茎和不育茎多数。叶全形圆形、半圆形、扇形或宽楔形，二回掌状或几掌状3～5全裂，末回裂片椭圆形。下部或基部的叶通常3裂。全部叶有叶柄。头状花序在茎顶排成伞房状。总苞宽钟状，总苞片4层；全部苞片顶端钝或稍圆，外面被短柔毛或细柔毛，边缘棕褐色、黑褐色或暗灰褐色宽膜质。边缘雌花6～8个，细管状或近细管状。花果期7～9月。

分布区域：主要分布于双桥沟山坡。

273 萎软紫菀 *Aster flaccidus*

菊科 紫菀属

特征简介：多年生草本，根状茎细长，有时具匍枝。茎直立，不分枝，被皱曲或开展的长毛，上部常杂有具柄腺毛，或仅有腺毛或腺毛，下部有密集的叶。基部叶及莲座状叶匙形或长圆状匙形，下部渐狭成短或长柄，顶端圆形或尖，茎部叶长圆形或长圆披针形，基部渐狭或急狭，常半抱茎，上部叶小，线形；头状

花序在茎端单生。总苞半球形，被白色或深色长毛或有腺毛；总苞片2层。舌状花40～60朵；舌片紫色，稀浅红色。管状花黄色；瘦果长圆形。花果期6～11月。

分布区域：主要分布于巴朗山、双桥沟、海子沟高山草地、灌木丛及石砾地。

274 葵花大蓟 *Cirsium souliei*

菊科 蓟属

特征简介：多年生铺散草本。全部叶基生，
莲座状，长椭圆形、椭圆状披针形或倒披针形；
基部侧裂片时为针刺状，其他侧片卵状披针形、
偏斜卵状披针形、半椭圆形或宽三角形，边缘有
针刺或大小不等的三角形刺齿而齿顶有针刺一。

头状花序集生于茎基顶端的莲座状叶丛中。总苞宽钟状，无毛。总苞片常镊合状排
列，近等长。小花紫红色。瘦果浅黑色。花果期 7～9 月。

分布区域：主要分布于双桥沟山坡草地、林缘。

275　川木香 *Dolomiaea souliei*

菊科　川木香属

特征简介：多年生无茎或几无茎莲座状草本。根粗壮，直伸。全部叶基生，莲座状，椭圆形、长椭圆形、披针形或倒披针形，质地厚，羽状半裂，有宽扁叶柄，两面同色，绿色或下面色淡，两面被稀疏的糙伏毛及黄色小腺点，下面沿脉常有较多的蛛密毛，中脉在叶下面高起，叶柄两面被稠密的蛛丝状绒毛及硬糙毛和黄色腺点；头状花序 6～8 个集生于茎基顶端的莲座状叶丛中。总苞宽钟状，总苞片 6 层，全部苞片质地坚硬，先端尾状渐尖成针刺状，边缘有稀疏的缘毛。小花红色，花冠 5 裂。瘦果圆柱状。花果期 7～10 月。

分布区域：主要分布于巴朗山、双桥沟高山草地及灌木丛中。

276 西藏多榔菊 *Doronicum calotum*

菊科 多榔菊属

特征简介：多年生草本，根状茎粗壮，块状，横卧或斜升，或有时短细。茎单生，直立，绿色或有时带紫红，茎全部具叶；基生叶常凋落。下部茎叶卵状长圆形或长圆状匙形，基部楔状狭成具宽翅的叶柄，中部及上部叶卵形、卵状长圆形或椭圆形，无柄，抱茎。头状花序单生于茎

端，总苞半球形，总苞片2～3层；舌状花黄色，无毛，舌片长圆状线形；管状花花冠黄色，檐部钟状，5裂。瘦果圆柱形。花期7～9月。

分布区域：主要分布于长坪沟、巴朗山高山草地、灌木丛或多砾石山坡。

277 掌叶橐吾 *Ligularia przewalskii*

菊科 橐吾属

特征简介：多年生草本。丛生叶与茎下部叶具柄，基部具鞘，叶片轮廓卵形，掌状 4～7 裂，裂片 3～7 深裂，中裂片二回 3 裂，小裂片边缘具条裂齿；茎中上部叶掌状分裂。总状花序；苞片线状钻形；花序梗纤细；头状花序多数，辐射状；总苞狭筒形，总苞片 2 层，线状长圆形。舌状花 2～3 朵，黄色，舌片线状长圆形；管状花常 3 个，远出于总苞之上，管部与檐部等长。瘦果长圆形。花果期 6～10 月。

分布区域：主要分布于长坪沟河滩、林缘、林下及灌木丛。

278 东俄洛橐吾 *Ligularia tongolensis*

菊科 橐吾属

特征简介：多年生草本。茎直立，被蛛丝状柔毛。丛生叶与茎下部叶具柄，被有节短柔毛，基部鞘状，叶片卵状心形或卵状长圆形，边缘具细齿；茎中上部叶与下部叶同形，向上渐小，有短柄。伞房状花序开展，稀头状花序单生；苞片和小苞片线形；头状花序辐射状，总苞钟形，2层，长圆形或披针形。舌状花5～6朵，黄色，舌片长圆形；管状花多数，伸出总苞之外。瘦果圆柱形。花果期7～8月。

分布区域：主要分布于双桥沟山谷湿地、林缘、林下、灌木丛及高山草地。

279 舟叶橐吾 *Ligularia cymbulifera*

菊科 橐吾属

特征简介：多年生草本。丛生叶和茎下部叶具有翅柄，叶片椭圆形或卵状长圆形，稀为倒卵形，先端圆形，边缘有细锯齿；茎中部叶无柄，舟形，鞘状抱茎；最上部叶鞘状。大型复伞房状花序；苞片和小苞片线形，较短；头状花序多数，辐射状，总苞钟形，总苞片7～10，2层，披针形或卵状披针形。舌状花黄色，舌片线形；管状花深黄色，多数。瘦果狭长圆形。花果期7～9月。

分布区域：主要分布于巴朗山林缘、高山灌木丛、高山草地上。

280 侧茎橐吾 *Ligularia pleurocaulis*

菊科 橐吾属

特征简介：多年生灰绿色草本。茎直
立。丛生叶与茎基部叶近无柄，叶鞘常紫
红色，叶片线状长圆形至宽椭圆形，先端
急尖，全缘，基部渐狭，两面光滑，叶脉平
行或羽状平行；茎生叶小，椭圆形至线形，
无柄，基部半抱茎或否。圆锥状总状花序

或总状花序，常疏离；头状花序多数，辐射状，常偏向花序轴的一侧；小苞片线状
钻形；总苞陀螺形，基部尖，总苞片7～9，2层，卵形或披针形。舌状花黄色，舌
片宽椭圆形或卵状长圆形。瘦果倒披针形。花果期7～11月。

分布区域：主要分布于巴朗山、海子沟山坡、溪边、灌木丛及草地上。

281 大黄橐吾 *Ligularia duciformis*

菊科 橐吾属

　　特征简介：多年生草本。根肉质，多数。茎直立，光滑或上部被黄色有节短柔毛。丛生叶与茎下部叶具柄，被有节短柔毛，基部具鞘，叶片肾形或心形，先端圆形，边缘有不整齐的齿，两面光滑，叶脉掌状，主脉 3～5 条；茎中部叶叶柄被密的黄绿色有节短柔毛，基部具极为膨大的鞘，叶片肾形，先端凹形；最上部叶常仅有叶鞘。复伞房状聚伞花序，分枝开展，被短柔毛；花序梗被密的黄色有节短柔毛；头状花序多数，盘状，总苞狭筒形，总苞片 5，2 层，长圆形。小花全部管状，5～7，常 6，黄色，伸出总苞之外。瘦果圆柱形。花果期 7～9 月。

　　分布区域：主要分布于双桥沟、巴朗山、海子沟溪流附近。

282 掌裂蟹甲草 *Parasenecio palmatisectus*

菊科　蟹甲草属

特征简介：多年生草本。茎单生。叶具长柄，下部叶在花期凋落，中部叶叶片全形宽卵圆形或五角状心形，羽状掌状 5～7 深裂，裂片长圆形，长圆状披针形或匙形；头状花序较多数，在茎端排列成总状或疏圆锥状花序；花序梗被短柔毛或近无毛。总苞圆柱形；总苞片 4，线状长圆形。小花 4～5，稀 6 或 7，花冠黄色，管部细，檐部窄钟状，裂片卵状披针形。瘦果圆柱形。花期 7～8 月，果期 9～10 月。

分布区域：主要分布于长坪沟山坡林下、林缘或灌木丛中。

283　蛛毛蟹甲草 *Parasenecio roborowskii*

菊科　蟹甲草属

特征简介：多年生草本。茎单生，通常被白色蛛丝状毛或后脱毛。下部叶在花期枯萎；叶片薄膜纸质，卵状三角形，长三角形，顶端急尖或渐尖，基部截形或微心形，边缘有不规则的锯齿；叶柄被疏蛛丝状毛。头状花序多数，常排列成塔状疏圆锥状花序偏向一侧着生；总苞圆柱形；总苞片线状长圆形。小花通常3～4，花冠白色，管部细，檐部宽管状。瘦果圆柱形。花期7～8月，果期9～10月。

分布区域：主要分布于长坪沟山坡林下、林缘、灌木丛和草地上。

284 蜂斗菜 *Petasites japonicus*

菊科 蜂斗菜属

特征简介：多年生草本，雌雄异株。基生叶具长柄，叶片圆形或肾状圆形，不分裂，边缘有细齿，基部深心形。头状花序在上端密集成密伞房状；总苞筒状；总苞片2层近等长；全部小花管状，两性，不结实；花冠白色，花药基部钝，有宽长圆形的附片。雌性花葶有密苞片；花序密伞房状，花后排成总状；头状花序具异形小花；雌花多数，花冠丝状。瘦果圆柱形。花期4～5月，果期6月。

分布区域：主要分布于长坪沟、海子海、双桥沟、溪流边、草地或灌木丛中。

285 欧洲千里光 *Senecio vulgaris*

菊科 千里光属

特征简介：一年生草本。茎单生，直立，自基部或中部分枝；分枝斜生或略弯曲，被疏蛛丝状毛至无毛。叶无柄，全形倒披针状匙形或长圆形，顶端钝，羽状浅裂至深裂；侧生裂片 3～4 对，长圆形或长圆状披针形，通常具不

规则齿，下部叶基部渐狭成柄状；中部叶基部扩大且半抱茎，两面尤其下面多少被蛛丝状毛至无毛；上部叶较小，线形，具齿。头状花序无舌状花，少数至多数，排列成顶生密集伞房花序。总苞钟状，具外层苞片；苞片 7～11，线状钻形；舌状花缺如，管状花多数；花冠黄色，檐部漏斗状。瘦果圆柱形。花期 4～10 月。

分布区域：主要分布于四姑娘山镇山坡、路旁。

286 川西小黄菊 *Tanacetum tatsienense*

菊科 菊蒿属

特征简介：多年生草本。茎单生或少数
茎成簇生，不分枝，有弯曲的长单毛，上部及
接头状花序处的毛稠密。基生叶椭圆形或长
椭圆形，二回羽状分裂。茎叶少数，直立贴茎，
与基生叶同形并等样分裂，无柄。全部叶绿
色，有稀疏的长单毛或几无毛。头状花序单生

茎顶。总苞片约4层。全部苞片边缘黑褐色或褐色膜质。舌状花橘黄色或微带橘红色。
舌片线形或宽线形。瘦果。花果期7～9月。

分布区域：主要分布于巴朗山、海子沟高山草地、灌木丛或山坡砾石地。

◆ 五福花科 Adoxaceae

287 五福花 Adoxa moschatellina

五福花科   五福花属

特征简介：多年生草本。根状茎横生，末端加粗；茎单一，纤细，无毛，有长匍匐枝；基生叶 1～3 枚，一至二回三出复叶，小叶宽卵形或圆形，3 裂；茎生叶 2 枚，对生，3 全裂，裂片再 3 裂，叶柄长约 1 厘米；花序有限生长，5～7 朵花成顶生聚伞性头状花序，无花柄；花黄绿色；花萼浅杯状，顶生花的花萼裂片 2，侧生花的花萼裂片 3；花冠幅状，管极短，顶生花的花冠裂片 4，侧生花的花冠裂片 5，裂片上乳突约略可见。核果。花期 4～7 月，果期 7～8 月。

分布区域：主要分布于长坪沟、双桥沟、海子沟林下、林缘或草地。

288 血满草 *Sambucus adnata*

五福花科 接骨木属

特征简介：多年生高大草本或半灌木；
茎草质，具明显的棱条。羽状复叶具叶片状或
条形的托叶；小叶 3～5 对，长椭圆形、长卵
形或披针形，先端渐尖，基部钝圆，顶端 1 对
小叶基部常沿柄相连，有时亦与顶生小叶片相
连，其他小叶在叶轴上互生，亦有近于对生；

聚伞花序顶生，伞形式，具总花梗，3～5 出的分枝成锐角；花小，花冠白
色。果实红色，圆形。花期 5～7 月，果熟期 9～10 月。

分布区域：主要分布于双桥沟、长坪沟林下、沟边、灌木丛中、山谷斜坡湿地
以及高山草地等处。

◆ 忍冬科 Caprifoliaceae

289 垫状忍冬 *Lonicera oreodoxa*

忍冬科 忍冬属

特征简介：落叶矮灌木；小枝稠密，连同叶柄和总花梗均被柔毛。叶纸质，卵形或卵状宽椭圆形，顶端钝或稍尖，基部圆形，上面疏生长柔毛，下面主要在中脉及侧脉上密生长柔伏毛。总花梗长 10～12 毫米；苞片宽卵形，分离，顶端稍尖，边缘稍不整齐的牙齿状，外被柔毛；相邻两萼筒分离，无毛，萼齿宽卵形，有缘毛；花冠筒状漏斗形，近整齐，基部有囊，筒内基部以上 2/3 被柔毛，外被疏腺，裂片圆卵形，外被柔毛。果实不详。

分布区域：主要分布于长坪沟、海子沟、巴朗山高山草甸、林缘。

290 岩生忍冬 *Lonicera rupicola*

忍冬科 忍冬属

特征简介：落叶灌木，幼枝和叶柄均被屈曲、白色短柔毛和微腺毛；叶脱落后小枝顶常呈针刺状，有时伸长而平卧。叶纸质，3～4枚轮生，很少对生，条状披针形、矩圆状披针形至矩圆形，顶端尖或稍具小凸尖或钝形，基部楔形至圆形或近截形。花生于幼枝基部叶腋，芳香，总花梗极短；相邻两萼筒分离，无毛，萼齿狭披针形；花冠淡紫色或紫红色，筒状钟形，裂片卵形。果实红色。花期5～8月，果熟期8～10月。

分布区域：广泛分布于保护区内，生于高山灌木丛草甸、流石滩边缘、林缘河滩草地或山坡灌木丛中。

291 唐古特忍冬 *Lonicera tangutica*

忍冬科 忍冬属

特征简介：落叶灌木；幼枝无毛或有 2 列弯的短糙毛，有时夹生短腺毛，二年生小枝淡褐色，纤细，开展。冬芽顶渐尖或尖，外鳞片 2～4 对，卵形或卵状披针形，顶渐尖或尖，背面有脊，被短糙毛和缘毛或无毛。叶纸质，倒披针形至矩圆形或倒卵形至椭圆形，顶端钝或稍尖，基部渐窄。总花梗生于幼枝下方叶腋，纤细，稍弯垂；花冠白色、黄白色或有淡红晕，筒状漏斗形。果实红色。花期 5～6 月，果熟期 7～8 月。

分布区域：广泛分布于保护区内，生于林下、山坡草地、溪边灌木丛中。

292 华西忍冬 *Lonicera webbiana*

忍冬科 忍冬属

特征简介：落叶灌木；幼枝常秃净或散生红色腺，老枝具深色圆形小凸起。叶纸质，卵状椭圆形至卵状披针形，顶端渐尖或长渐尖，基部圆或微心形或宽楔形，边缘常不规则波状起伏或有浅圆裂，有睫毛，两面有疏或密的糙毛及疏腺；花冠紫红色或绛红色，很少白色或由白色变黄色，唇形，外面有疏短柔毛和腺毛或无毛，筒甚短。果实先红色后转黑色，圆形。花期5～6月，果熟期8月中旬至9月。

分布区域：主要分布于双桥沟、长坪沟林下、山坡灌木丛中或草坡上。

293 毛花忍冬 *Lonicera trichosantha*

忍冬科 忍冬属

特征简介：落叶灌木；枝水平状开展，小枝纤细。叶纸质，下面绿白色，形状变化很大，通常矩圆形、卵状矩圆形或倒卵状矩圆形，较少椭圆形、圆卵形或倒卵状椭圆形，顶端钝而常具凸尖或短尖至锐尖，基部圆或阔楔形，较少截形或浅心形；总花梗短于叶柄，果时则超过之；相邻两萼筒分离，无毛，萼檐钟形，干膜质；花冠黄色，

唇形，常有浅囊，外面密被短糙伏毛和腺毛，内面喉部密生柔毛，唇瓣外面毛较稀或有时无毛，上唇裂片浅圆形，下唇矩圆形。果实由橙黄色转为橙红色至红色，圆形。花期5～7月，果熟期8月。

分布区域：主要分布于长坪沟、双桥沟、海子沟林缘或林下。

294　圆萼刺参 *Morina chinensis*

忍冬科　刺参属

特征简介：多年生草本；茎有明显的纵沟，下部光滑，紫色，上部通常带紫色，被白色绒毛。基生叶，簇生，线状披针形，质地较坚硬，先端渐尖，基部下延抱茎，边缘具不整齐的浅裂片。花茎从叶丛中生出；茎生叶与基生叶相似，但较短，4～6 叶轮生。轮伞花序顶生，紧密穗状，花后各轮疏离，每轮有总苞苞片 4，总苞片叶状；花冠二唇形，淡绿色，上唇 2 裂，下唇 3 裂。瘦果长圆形，褐色。花期 7～8 月，果期 9 月。

分布区域：主要分布于海子沟高山草坡灌木丛中。

295 穿心莛子蔍 *Triosteum himalayanum*

忍冬科 莛子蔍属

特征简介：多年生草木。茎高 40～60
厘米，稀开花时顶端有 1 对分枝，密生刺刚毛
和腺毛。叶通常全株 9～10 对，基部连合，倒
卵状椭圆形至倒卵状矩圆形，顶端急尖或锐
尖，上面被长刚毛，下面脉上毛较密，并夹杂
腺毛。聚伞花序 2～5 轮在茎顶或有时在分枝上作穗状花序状；萼裂片三角状
圆形，被刚毛和腺毛，萼筒与萼裂片间缢缩；花冠黄绿色，筒内紫褐色，外有腺毛，
筒基部弯曲，一侧膨大成囊。果实红色，近圆形。花期 5～7 月，果期 7～9 月。

分布区域：主要分布于长坪沟、四姑娘山镇周边山坡、林边、林下、沟
边或草地。

296　白花刺续断 *Acanthocalyx alba*

忍冬科　刺续断属

特征简介：多年生草本；植株较纤细，高 10～40 厘米，茎单 1 或 2～3 分枝。基生叶线状披针形，基部渐狭，成鞘状抱茎，边缘有疏刺毛，两面光滑，叶脉明显；茎生叶对生，边缘具刺毛，花茎从基生叶旁生出。假头状花序顶生；总苞苞片 4～6 对，坚硬，长卵形至卵圆形，渐尖，向上渐小，边缘具多数黄色硬刺；花萼筒状，全绿色；花冠白色。果柱形，蓝褐色，顶端斜截形。花期 6～8 月，果期 7～9 月。

分布区域：主要分布于巴朗山、长坪沟草地。

297   大花刺参 *Acanthocalyx nepalensis* subsp. *delavayi*

忍冬科   刺续断属

特征简介：多年生草本；茎单 1 或 2～3
分枝，上部疏被纵列柔毛；基生叶线状披针
形，先端渐尖，基部渐狭，成鞘状抱茎，边缘
有疏刺毛，两面光滑；茎生叶对生，2～4 对，
长圆状卵形至披针形，向上渐小，边缘具刺
毛；花茎从基生叶旁生出。假头状花序顶生；
花萼筒状，紫色；花大，直径 1.2～1.5 厘米，

花冠红色或紫色，花冠裂片长椭圆形，先端微凹，花冠管较宽。果柱形，蓝褐色。花
期 6～8 月，果期 7～9 月。

分布区域：主要分布于巴朗山、长坪沟、海子沟山坡草地。

298 大头续断 *Dipsacus chinensis*

忍冬科 川续断属

特征简介：多年生草本；茎中空，向上分枝，具8纵棱，棱上具疏刺。茎生叶对生，具柄；叶片宽披针形，呈3～8浅裂，顶端裂片大，卵形，两面被黄白色粗毛。头状花序圆球形，单独顶生或三出，总花梗粗壮，总苞片线形，被黄白色粗毛；小苞片披针形或倒卵状披针形，两侧具刺毛和柔毛；花冠管基部细管明显，4裂，裂片不相等；瘦果窄椭圆形，被白色柔毛。花期7～8月，果期9～10月。

分布区域：主要分布于巴朗山、四姑娘山镇周边林下、沟边和草坡地。

◆ 五加科 Araliaceae

299 红毛五加 *Eleutherococcus giraldii*

五加科 五加属

特征简介：灌木；枝灰色；小枝灰棕色，无毛或稍有毛，密生直刺；刺下向，细长针状。叶有小叶5枚，稀3枚；叶柄无毛，稀有细刺；小叶片薄纸质，倒卵状长圆形，稀卵形，先端尖或短渐尖，基部狭楔形，两面均无毛；无小叶柄或几无小叶柄。伞形花序单个顶生；总花梗粗短，有时几无总花梗，无毛；花梗无毛；花白色；萼边缘近全缘；花瓣5，卵形。果实球形，黑色。花期6～7月，果期8～10月。

分布区域：主要分布于长坪沟、海子沟灌木丛林中。

◆ 伞形科 Apiaceae

300 美丽棱子芹 *Pleurospermum amabile*

伞形科　棱子芹属

特征简介：多年生草本。茎直立，带堇紫色；三至四回羽状复叶；叶片轮廓宽三角形；末回裂片狭卵形，边缘羽状深裂，裂片线形；上部叶柄逐渐变短或近于无柄；叶鞘膜质，近圆形或宽卵形，有美丽的紫色脉纹。顶生伞形花序有总苞片 3～6；伞辐 20～30；小总苞片长圆形或倒披针形；花紫红色，萼齿明显，三角形；花瓣倒卵形，基部有爪，顶端有小舌片。果实狭卵形。花期 8～9 月，果期 9～10 月。

分布区域：主要分布于巴朗山山坡草地或灌木丛中。

中文名索引

拉丁名索引